Elektro-Werkzeuge Kleinwerkzeugmaschinen mit Einbaumotor und biegsame Wellen

Von

Dr.-Ing. Hans Fein
Stuttgart

Mit 164 Textabbildungen

Berlin
Verlag von Julius Springer
1929

ISBN-13: 978-3-642-89670-5 e-ISBN-13: 978-3-642-91527-7
DOI: 10.1007/978-3-642-91527-7

Vorwort.

Elektrowerkzeuge und verwandte Kleinwerkzeugmaschinen werden heute in allen Betrieben der metall-, holz- und steinverarbeitenden Industrie verwendet. Trotzdem sind darüber in der Literatur keine Unterlagen zu finden mit Ausnahme von einzelnen Abhandlungen, die in Fachzeitschriften erschienen sind, aber nur einzelne Maschinen betreffen.

Da ich mit Elektrowerkzeugen viele Versuche vorzunehmen hatte und mir Unterlagen der meisten in- und ausländischen Hersteller zur Verfügung standen, war ich in der Lage, Angaben über übliche Abmessungen, Ausführungen und Leistungen zusammenzustellen. Außerdem hatte ich in gedrängter Form den Teil über Elektrowerkzeuge in der Betriebshütte zu bearbeiten und es erschienen von mir in der Fachpresse über dieses Gebiet verschiedene Aufsätze.

Im folgenden sind alle mir bisher bekannt gewordenen Konstruktionen und Verwendungsgebiete beschrieben, und ich habe möglichst viele Zahlenangaben gemacht, damit sich der Leser einen Überblick bilden kann. Auch die zu den Elektrowerkzeugen nur im weiteren Sinne gehörenden Maschinen, wie Elektrogebläse, biegsame Wellen und elektrisch betriebene Schlagwerkzeuge, sind mit aufgenommen.

Als Mangel wurde seither empfunden, daß die wichtigsten, Elektrowerkzeuge betreffenden Vorschriften, sowie Angaben über Werkzeuge immer erst aus mehreren Büchern zusammengesucht werden müssen, weshalb dieselben ebenfalls in möglichst knapper Form zum Nachschlagen mit aufgenommen worden sind. Die zahlreichen Bilder und Betriebsaufnahmen dürften die einzelnen Gebiete leichter und rascher anschaulich machen, als dies Beschreibungen vermögen.

Das Buch soll dem Betriebsingenieur, Konstrukteur und Meister, sowie den Studierenden Aufschluß geben und insbesondere dem Maschinenbauer die Fragen der Elektrotechnik und dem Elektrotechniker die des Maschinenbaus näher bringen, weshalb auch die Fragen über Stromart und Spannung ziemlich ausführlich behandelt wurden.

Zum Schluß möchte ich bei dieser Gelegenheit den Herren und Firmen Dank sagen, die mich bei Beschaffung von Unterlagen und Abbildungen unterstützt haben, insbesondere den Herren Beringer, Graf, Haug, Kuttner, Neumann und Schweickardt, die mir bei der Überarbeitung und Durchsicht wertvolle Anregungen gaben.

Stuttgart, Herbst 1929.

Der Verfasser.

Inhaltsverzeichnis.

Seite

A. Elektrowerkzeuge, Allgemeines 1
a) Begriffserklärung 1
b) Übliche Stromarten bei Elektrowerkzeugen, Umschaltungsmöglichkeiten . . 8
c) Kleinspannungen und Schutzschalter 12
d) Benzin-elektrische Anlagen 13
e) Elektrische Zubehörteile 13
f) Kohlenbürsten und Kommutatoren 15
g) Preßluft und Elektrowerkzeuge 16
h) Drehstrom höherer Frequenz 18

B. Handbohrmaschinen 18
a) VDE 34. Regeln für die Bewertung und Prüfung von Handbohrmaschinen . 18
b) Entwicklung 20
c) Aufbau 26
d) Sicherheitsvorrichtungen 27
e) Werkzeuge und Verwendungsgebiete 28
1. Bohrer 28
2. Bohren in verschiedenen Werkstoffen 28
3. Holzbohren 30
4. Gesteinsdrehbohrmaschinen und schlagwettersichere Ausführung 33
5. Aufreiben 35
6. Einwalzen von Rauch- und Siederohren 36
7. Gewindeschneiden 37
8. Einziehen von Schrauben, Muttern, Stehbolzen und Schwellenschrauben . 38
9. Abschleifen von Ventilsitzen und Ventileinschleifmaschinen 40
10. Weitere Verwendungsarten 41

C. Tisch- und Säulenbohrmaschinen 43

D. Schleifmaschinen 45
a) Aufbau 45
b) Schleifscheiben 47
I. Handschleifmaschinen 50
a) VDE § 35. Regeln für die Bewertung und Prüfung von Handschleifmaschinen 50
b) Aufbau, Verwendung und Abmessungen 51
II. Supportschleifmaschinen 53
a) Supportschleifmotoren mit auf Motorwelle aufgesetzter Schleifscheibe . . . 53
b) Supportschleifmotoren mit getrennt gelagerter Spindel 55
III. Bank- und Ständerschleifmaschinen 57
a) VDE § 36. Regeln für die Bewertung und Prüfung von Schleif- und Poliermaschinen 57
b) Bank- und Ständerschleifmaschinen 58
c) Polieren und Schwabbeln 59

E. Elektrosägen 61
a) Sägeblätter und Schutzvorrichtungen 61
I. Kreissägen 62
a) Motorhandsägen 63
b) Ortsfeste Motorkreissägen 65
II. Bandsägen 66
III. Bügelsägen 67
IV. Kettensägen 67

Seite
F. Holzfräsmaschinen 68
I. Maschinen mit Zapfenfräsern 69
II. Maschinen mit Fräsketten 70
G. Holzhobelmaschinen 71
H. Elektrogebläse 72
I. Schraubenradgebläse 73
II. Schleuder- oder Zentrifugalgebläse 73
1. Exhaustoren 74
2. Hochdruckgebläse 75
3. Klein- und Niederdruckgebläse 75
III. Kapselgebläse und Kleinluftpumpen 77
J. Biegsame Wellen 78
I. Gelenkwellen 78
II. Gelenk- oder Wellenketten 78
III. Biegsame Wellen im engeren Sinn 79
a) Aufbau, Berechnung und Abmessungen 79
b) Einfluß der Krümmung, Wirkungsgrad, Verdrillung 81
c) Schutzschlauch, Motoranschluß und Handstück 83
d) Antriebsarten 84
e) Werkzeuge 86
1. Bohrer aller Art 87
2. Fräser, Feilen, Raspeln und Fräserfeilen aller Art 87
3. Schraubenzieher 88
4. Schleifscheiben aller Art 88
5. Polier- und Schwabbelscheiben 89
6. Bürsten 91
7. Handhobel 91
8. Kreissägen 91
9. Werkzeuge mit hin- und hergehender Bewegung 91
10. Scheren 92
11. Kesselreinigungswerkzeuge 92
K. Schlagwerkzeuge (außer Preßluft) 93
I. Hämmer mit mechanischem Getriebe 93
II. Hämmer mit magnet-elektrischem Antrieb 93
III. Hämmer mit elektro-mechanischem Antrieb 94
IV. Elektro-pneumatische Schlagwerkzeuge 94
1. Entwicklung 94
2. Einschlauchhammer 96
3. Leistungsprüfung 97
4. Zweischlauchhammer 98
5. Preßluft und elektro-pneumatische Hämmer 99
6. Anschlußmöglichkeit einer biegsamen Welle 101
7. Metallbearbeitung (Nieten, Meißeln, Stemmen, Entnieten, Stampfen, Entrosten mit Kleinpistolen) 101
8. Steinbearbeitung (Gesteinsbohren, Auf- und Abbrucharbeiten, Bildhauerarbeiten, Geologische und paläontologische Arbeiten, Schärfen von Mühlsteinen, Schlagen von Dübel- und Dollenlöchern) 106
9. Übersicht über Mehrleistung gegenüber Handarbeit 109
Schrifttum 111

A. Elektrowerkzeuge, Allgemeines.

a) Begriffserklärung.

Elektrowerkzeuge sind ortsbewegliche, elektrisch betriebene Werkzeuge, bei denen die Arbeitsleistung durch elektromotorische, die Lenkung und Anpressung jedoch durch menschliche oder mechanische Kraft erfolgt. Ihr Vorzug besteht gegenüber den Handwerkzeugen in Zeitersparnis und Arbeitssteigerung, sowie in der bequemen und leichten Handhabung, bei der die menschliche Arbeitskraft nur wenig angestrengt wird und wobei im Gegensatz zu den Handwerkzeugen fast keine Arbeitsermüdung eintritt. Dabei ist die Leichtigkeit und Einfachheit des Handwerkzeuges mit der Leistungsfähigkeit der Kraftmaschine verbunden. Elektrowerkzeuge sind insbesondere auch Maschinen, die ein Handwerkzeug oder ein Handarbeitsverfahren zu ersetzen bestimmt sind.

Zu den Vorzügen gehört auch die Ersparnis von Transportarbeit bei schweren Stücken, da die leichten Elektrowerkzeuge von Hand an die Arbeitsstelle herangebracht werden. In erweitertem Sinne gehören auch solche Kleinwerkzeugmaschinen mit Einbaumotor für Sonderzwecke hierher, die ohne feste Fundamentierung leicht umgestellt werden können, obwohl an diese im Gegensatz zu den Werkzeugen die Arbeitsstücke herangebracht werden müssen. Die obere Grenze der Beweglichkeit für derartige Maschinen dürfte bis höchstens 3 PS Antriebsleistung gehen.

Der Elektrowerkzeugmotor paßt sich dem Sonderzweck der Maschine, ihrer Arbeitsweise und Form, besonders aber dem das Werkzeug haltenden Teil organisch an. Hieraus entsteht die Forderung nach bester Raum-, Gewichts- und Kraftausnützung bei einfacher und betriebssicherer Handhabung. Dies wird durch zweckmäßigen Aufbau und Ausnutzung nur hochwertiger Baustoffe erreicht. Leichte Hochleistungsmotoren sind daher eine weitere Eigenart der Elektrowerkzeuge und verwandten Maschinen.

Das Arbeitsgebiet solcher Maschinen liegt da, wo sperrige, schwer bewegliche und schwer zugängliche Werkstücke innerhalb oder außerhalb von Werkstätten bearbeitet werden sollen, und wo die Verwendung ortsfester Maschinen zu schwerfällig oder zu teuer wird.

Man rechnet demnach zu Elektrowerkzeugen, Kleinwerkzeugmaschinen mit Einbaumotor und verwandten Antrieben:

Hand-, Tisch- und Säulen-Bohrmaschinen, Aufreibe-, Gewindeschneid-, Aufwalz- und Ventileinschleifmaschinon, Schraubenzieher, Hand- und Supportschleifmaschinen, Ständer-Schleif- und Poliermotoren aller Art, bewegliche Hand- und Tischsägen, Holzhobel, Holzfräsen, Elektrogebläse, Werkzeuge und Antriebe für biegsame Wellen, elektrische und elektropneumatische Schlagwerkzeuge.

Gesamtaufbau.

Zur Handlichkeit der Maschine gehört praktische und sparsame Anordnung und Gestaltung aller Einzelteile, sowie die Möglichkeit steter Betriebsbereitschaft und leichter Inbetriebnahme.

Derbheit und Einfachheit in der Konstruktion gibt Gewähr für Betriebssicherheit und Unempfindlichkeit gegen äußere Einflüsse. (Vgl. VDE[1] 35 § 7

[1] Die angegebenen VDE-Vorschriften sind der 16. Auflage vom 1. 1. 1929 des Vorschriftenbuches entnommen, und nach den Beschlüssen der VDE-Tagung vom Juli 1929 ergänzt.

über Sicherheits- und Schutzvorrichtungen.) Sie soll Schutz bieten gegen zufällige Beschädigungen, gegen übermäßige Erwärmung und gegen Eindringen von Fremdkörpern und Schmutz. Hierzu trägt bei, wenn möglichst wenig lösbare Teile, wie Keile und Schrauben, Verwendung finden und hervorstehende Teile, Verstärkungsrippen und Kanten möglichst vermieden werden. Formschönheit und handliche Anordnung aller Teile wird neuerdings mit bewertet. (Vgl. VDE 34 § 3, 35 § 3 über geschützte und gekapselte Bauart.)

Vielseitige Verwendungsmöglichkeit liegt nicht im eigentlichen Wesen des Elektrowerkzeugs, sondern die bestmögliche Erfüllung eines bestimmten Sonderzwecks. Die Entwicklung einer reinen Zweckmäßigkeitsform kann nur für einen Zweck vollkommen sein.

Gute Übersichtlichkeit und Einfachheit im Aufbau ist zu verlangen. Alle der Abnützung unterworfenen Teile und Erastzteile müssen austauschbar und zugänglich sein.

Die Lebensdauer beträgt im Durchschnitt etwa 5 Jahre und wird durch regelmäßige Wartung, Reinigung und Schmierung erhöht. So ist z. B. nach langer Lagerung oder nach einer Seereise eine Erneuerung des Fettes unbedingt nötig.

Die Schmierung soll gut sein, sich aber nur auf die zu schmierenden Teile beschränken.

Zur Erzielung eines ruhigen und geräuschlosen Arbeitens ist Gleit- und Kugellagerung üblich, wobei in beiden Fällen großer Wert auf Genauigkeit zu legen ist. Wichtig sind weiter ausgewuchtete, starke Achsen und ausgewuchtete Rotationskörper.

Die Forderung nach bester Raum- und Gewichtsausnützung nötigt dazu, keinem Teil mehr Masse zu geben, als zur Erfüllung seines Zweckes nötig ist, nur reine Zweckmäßigkeitsformen zu wählen und Außenmaße wie Baulänge und Durchmesser. so klein als möglich zu halten.

Dazu gehört, daß dort, wo keine hohen Festigkeitsforderungen gestellt werden, Leichtmetall gewählt wird; doch darf die Gewichtsersparnis nicht auf Kosten der Festigkeit gehen. Zur billigen Herstellung wird vielfach Kokillen- oder Spritzguß verwendet. Die Teile werden dadurch ohne nennenswerte Bearbeitung einbaufertig.

Für den elektrischen Teil verwendet man hochwertiges Dynamoblech mit geringen Wattverlusten von 3 bis 3,6 Watt/kg und bei Gleichstrom Dynamospezialguß, z. B. Stg 38,81 D. Eine sorgfältige Auswahl des Isolierlackes und der Isolierstoffe ist dringend nötig. Durch Benutzung von Kupferdrähten mit geringer Auftragung (z. B. Seide bzw. Emailseideumspinnung) werden die Nuten voll ausgenützt, doch dürfen sie nicht überfüllt sein. Die Wicklungen werden zweckmäßig auf Wickelmaschinen hergestellt, was schon bei Gestaltung der Nutform zu berücksichtigen ist. Häufig wird bequeme Umschaltbarkeit für verschiedene Spannungen zur Vereinfachung der Fabrikation und Lagerhaltung vorgesehen. Bei Herstellung der Kollektoren dient neuerdings auch unter hohem Druck kalt oder warm gepreßtes Isoliermaterial. Ebenso werden Bürstenhalter, Verbindungsstücke, Schalterteile usw. aus Preßmasse hergestellt.

Das Gewicht der Elektrowerkzeugmotoren liegt deshalb etwa 20 bis 40 vH niedriger als das entsprechender Antriebsmotoren.

Die hohe Leistung der Maschinen bei geringem Gewicht wird erreicht durch die Ausnützung der natürlichen hohen Drehzahl der Elektromotoren, die hier gewöhnlich bei 3000 Umdr./Min. liegt. (Vgl. Stromartzahlentafel, s. S. 8 und 9.) Nach den VDE-Vorschriften über Motoren gelten folgende Wattleistungen als normal:

Watt	125	200	330	500	800	1100	1500	2200
PS	0,17	0,27	0,45	0,7	1,1	1,5	2	3

Für Elektrowerkzeugmotoren dürften 2200 Watt (3 PS) die obere Grenze bilden (s. Zahlentafel 1).

Zahlentafel 1. Übliche Anlaufstromstärken und Sicherungen für Elektrowerkzeugmotoren bei 220 Volt (bzw. 110 Volt).

Leistung des Motors in Watt	Gleichstrom			Drehstrom			Wechselstrom bei Universalmotoren		
	Anlauf	Normalsicherung nach DIN bei		Anlauf	Normalsicherung nach DIN bei		Anlauf	Normalsicherung bei	
		220 Volt	(110 Volt)		220 Volt	(110 Volt)		220 Volt	(110 Volt)
	Amp.	Amp.	Amp.	Amp.	Amp.	Amp.	Amp.	Amp.	Amp.
125	3,0	6	(6)	2	6	(6)	4,5	6	(6)
200	4,5	6	(6—10)	3	6	(6)	6,5	6	(6)
330	6,5	6	(10)	4,3	6	(6)	9,5	10	(15)
500	10	10	(15)	6	6	(10)	12	10	(20)
800	15	15	(25)	9	10	(15)			
1100	13[1]	10	(20)	12	10	(20)			
1500	17[1]	15	(25)	10[2]	10	(15)			
2200	25[1]	20	(35)	14[2]	15	(25)			

[1] = mit Anlasser. [2] = mit Sterndreieckschalter.

An Überlastbarkeit ist nach VDE 19 § 43 ein 2 Minuten langes Aushalten des 1,5fachen Nennstroms verlangt, das Kippdrehmoment soll $\gtreqless$ dem 1,6fachen Nenndrehmoment sein, doch sind bei Elektrowerkzeugen diese Forderungen jeweils dem Sonderzweck anzupassen.

Sonst sind für die Leistungsfestlegung die Grenzen der zulässigen Erwärmung maßgebend. Nach VDE 19 § 39 liegt die Grenztemperatur zwischen 85 und 95° C und die Grenzerwärmung zwischen 50 und 60° C, je nach Art der Wicklung und Meßstelle[1].

[1] VDE § 19. Die höchstzulässigen Grenzwerte von Temperatur und Erwärmung sind nachstehend zusammengestellt.

Die Grenzwerte für die Erwärmung gelten unter der Voraussetzung, daß die Kühlmitteltemperatur 35° C nicht überschreitet.

Bei der Wahl oder Anordnung des Aufstellungsraumes ist auf die von der Maschine abgegebene Wärmemenge Rücksicht zu nehmen.

Die Grenzwerte für die Temperatur gelten immer. Die Grenzwerte für die Erwärmung dürfen nur dann überschritten werden, wenn die Kühlmitteltemperatur stets so niedrig bleibt, daß die Grenztemperaturen nicht überschritten werden und über die Erfüllung dieser Voraussetzung eine Vereinbarung getroffen wird. Auf dem Schilde soll in diesem Fall außer den Größen, die für den Sondernennbetrieb bei der vereinbarten höchsten Kühlmitteltemperatur kennzeichnend sind, auch diese Temperatur angegeben werden. Alle Bestimmungen dieser Vorschriften müssen für diesen Sondernennbetrieb erfüllt sein.

Isolierung	Maschinenteil	Grenztemperatur ° C	Grenzerwärmung ° C	Meßverfahren
Faserstoff getränkt Klasse II	In Nuten gebettete Wechselstrom-Ständerwicklungen	85	50	Widerstandszunahme. Nachprüfung durch Thermometer (siehe VDE 19 § 33)
	Alle anderen Wicklungen .	95	60	
Lackisolierung (Lackdraht) Klasse IV	Feldmagnetwicklungen . .	95	60	

Zur Ventilation ist das Ventilationsflügelrad voll auszunutzen. Üblich sind vielteilige Schaufelräder mit möglichst großem Durchmesser und tangentialer Luftabfuhr, so daß die Schaufeln bis dicht an die Wandung herangehen, auch Propellerflügel mit Durchzugslüftung kommen, wenn auch seltener, vor. Die Ausblasöffnungen sind gegen Eindringen von Fremdkörpern und Schmutz durch Gitter oder andere Abdeckungen zu schützen.

Man unterscheidet gekapselte und geschützte Maschinen. Erstere besitzen keinerlei Öffnungen und Lüftung, sie sind für Bergwerke, staubige und feuchte Betriebe und haben wegen der schlechten Wärmeabfuhr einen besonders großen Motor. Letztere besitzen Ventilationsöffnungen und sind gegen unvorsichtige Berührung, Beschädigung und Spritzwasser, dagegen nur beschränkt gegen Staub, Feuchtigkeit und Gas geschützt. Sie sind die am meisten benutzte Art.

Zum Abbremsen von Motoren, zur Feststellung ihrer Leistung und ihres Wirkungsgrades, sowie zur Vornahme von Dauer- und Erwärmungsversuchen dienen Prony-Zaum, Wasserbremsen, Wirbelstrombremsen, Pendeldynamos oder Torsionsdynamometer (Abb. 1). Die Wirbelstrombremsen (Abb. 1 und 2) selbst haben gegenüber dem Prony-Zaum den Vorzug, daß ihre Bedienung äußerst einfach ist und daß nur mit Luftkühlung ohne Wasserzufuhr gearbeitet werden kann. Auch können keinerlei Verluste oder Ungenauigkeiten durch stoßweise Belastung auftreten. Die Wirbelstrombremsen sind zur Bremsung von kleineren Motoren mit und ohne Vorgelege, insbesondere von Universalmotoren und Lichtmaschinen geeignet, da bei kleinen Leistungen der Stromverbrauch nur eine untergeordnete Rolle spielt. Für größere Leistungen dagegen werden sie als Pendeldynamos, bei denen der Strom ins Netz zurückgeliefert wird, gebaut. Gegenüber den Torsionsdynamometern können sie für kleine Leistungen schon von 20 Watt ab und für hohe Drehzahlen bis zu 20000 Umdr./Min. gebaut werden.

Abb. 1. Torsionsdynamometer der Bamag (links) und Wirbelstrombremse (rechts), Handbohrmaschine zur Bremsung eingespannt.

Eine solche Wirbelstrombremse für hohe Drehzahlen besteht aus einer in Kugellagern laufenden Kupferscheibe, die zwischen den Polschuhen zweier symmetrisch angeordneter Magnete umläuft und von der zu prüfenden Maschine angetrieben wird[1]. Die beiden Magnete sind als schwingende Waage ausgebildet, die durch

[1] Statt der Kupferscheibe finden auch Graugußzylinder in ähnlicher Anordnung mit und ohne Wasserkühlung Anwendung. Bis etwa 2500 Watt reicht Luftkühlung völlig aus.

ein Gegengewicht rasch auf den Nullpunkt einer Skala einspielt. Die Lauflager der Kupferscheibe sind in die Waagelager so eingebaut, daß die Lagerreibungsverluste in der Bremse als Drehmoment mit gemessen werden. Die Wirkungsweise ist so, daß die zwischen den Polschuhen der Magnete auftretenden Kraftlinien in Verbindung mit den Wirbelströmen der Scheibe eine die Bewegung der Kupferscheibe hemmende Kraft ausüben. Hierdurch wird der Waagebalken aus seiner Ruhelage gebracht und durch ein Laufgewicht so weit ausgeglichen, daß der Zeiger des Magnetsystems wieder auf seine Ruhelage einspielt. Auf dem Waagebalken kann der Hebelarm „l" leicht abgelesen werden. Die Belastung erfolgt durch „fein und grob" einstellbare Widerstände, die mit den Bremsmagneten wie in Abb. 2 geschaltet sind.

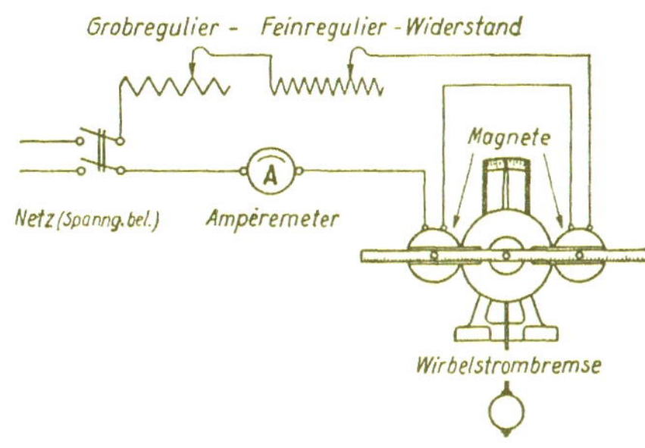

Abb. 2. Schaltschema einer Wirbelstrombremse.

Zur Messung der minutlichen Drehzahl kann durch eine Bohrung des Waagebalkens ein Tachometer auf die Mitte der umlaufenden Scheibe aufgedrückt werden, wenn es nicht wie in Abb. 1 (rechts) durch eine Schnurscheibe von der Bremsscheibenwelle aus angetrieben wird. Die Berechnung der abgebremsten Leistung in Watt ergibt sich nach folgender Gleichung:

$$N_{\text{Watt}} = 1{,}027 \cdot 10^{-5} \cdot P \cdot l \cdot n,$$

wobei

P = Gewichtbelastung in g,

l = Hebelarm in cm,

n = Umläufe/Min.

bedeuten.

Mißt man gleichzeitig mit dem Versuch die Wattaufnahme des Motors, so läßt sich durch Vergleich der aufgenommenen mit der abgegebenen Leistung leicht der Wirkungsgrad der Maschine bei jeder beliebigen Drehzahl bestimmen. In der folgenden Zahlentafel sind einige Angaben über Belastbarkeit und Grenzen solcher Wirbelstrombremsen für kleine Motoren angeführt.

Zahlentafel 2. Über Wirbelstrombremsen.

Scheibendurchmesser in mm	Zahl der Magnete	Höchste Drehzahl/Min.	Kleinste Drehzahl/Min.	Dauerbelastung in Watt	Kurzzeitige Belastung in Watt
120	2	20000	1000	400	600
160	2	12000	500	800	1500
250	8	4000	100	1200	3000

Zur Bremsung wird der Motor gewöhnlich in einem prismatischen Block gelagert, oder es wird hinter der Bremse ein nach Höhe und Seite verstellbarer Support aufgebaut. Bei Bremsen für höhere Leistungen werden vier oder mehr Magnetpaare angeordnet, die auf mehrere gemeinsam gekuppelte Scheiben wirken (Abb. 1).

Zahlentafel 3. Über Stromarten

Stromart 1	Zeichen 2	Normale Spannung in Volt 3	Leiternetz 4	Ausführung der Blechschnitte (Schematisch) 5
Gleichstrom	=	110 220/440	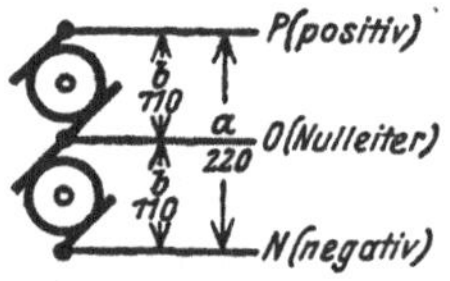 Zweileiternetz 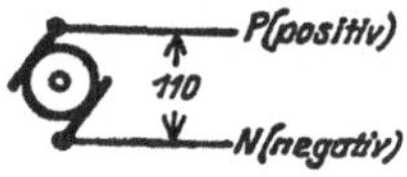 P(positiv) 110 N(negativ) Dreileiternetz P(positiv) b 110 a 220 O(Nulleiter) b 110 N(negativ) a) Spannung zwischen Außenleiter b) Spannung zwischen Außen- und Mittelleiter	Stahlguß-Gehäuse Polschuhe  Anker mit Kommutator (Kollektor) 2 Pole für 3000 n/Min. (und 1500 n/Min.)
Einphasen-Wechselstrom	∼	127/220 (110/190)	Zweileiternetz R T vergleiche Drehstrom e, E	dto. Hilfswicklung im Ständer  Anker mit Kollektorbürsten  kurz geschlossen
Gleich- und Einphasen-Wechselstrom (sog. Universal-Motor)	= / ∼	115/220 oberste Grenze 250	vergleiche = und ≋	 oder Ank. m. Kollekt. Hauptstr.-W.
Drehstrom (Dreiphasen-Wechselstrom)	≋	127/220/380 (110/190) (380/660)	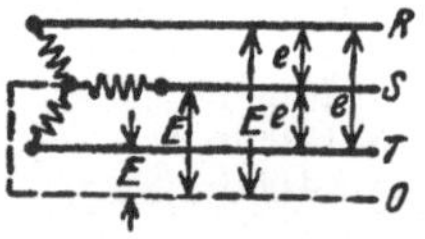 R S T O e e E E E z. B.: $e = 220$ Volt $E = 127$ „	Käfiganker (Kurzschlußläufer) Gehäuse beliebig  2 Pole für 3000 n/Min. 4 Pole für 1500 n/Min. keine Schleifringe

Zum Kuppeln der Motoren wird am besten auf dem Wellenzapfen eine Vierklauenkupplung angebracht, während auf dem Motorwellenende ein Kupplungsflansch angebracht wird. Die Klauen werden übereinander geschoben und durch

bei Elektrowerkzeugen.

Schaltbild 6	Änderung der Drehrichtung 7	Charakteristik und Bemerkungen 8	Anwendung 9
Hauptstrom-Motor 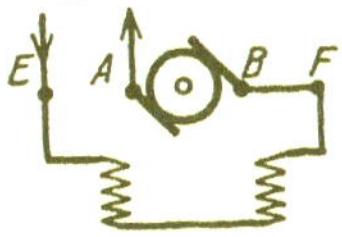 E A B F	Umkehren der Stromrichtung im Anker (Bürstenkabel vertauschen)	Hohe Leerlaufdrehzahl, starker Abfall bei Belastung, gutes Anzugsmoment	Gebläse, Hebezeuge (Hubmotoren) Bahnmotoren
Nebenschluß-Motor 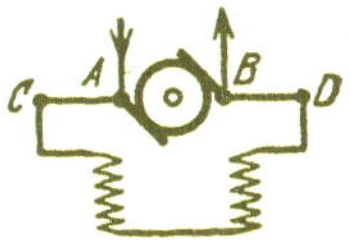 C A B D		Konstante Drehzahl	Antriebsmotoren, Schleifmotoren
Verbund-Wicklung 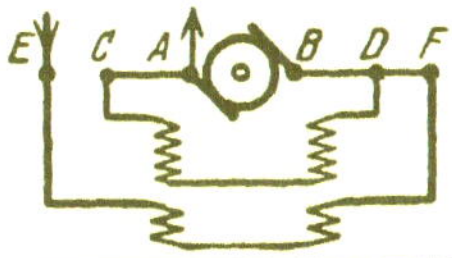 E C A B D F		Gutes Anzugsmoment, Verbindung der Eigenschaften von Haupt- und Nebenschluß nach Wunsch	Handbohrmaschinen, Sonderantriebe ohne Anlasser
Einph.-Kurzschluß-Motor  L Hilfsphase	Umschalten der Hilfsphase	Schlechtes Anzugsmoment, Anlauf nur mit Hilfsphase und besonderem Schalter, konstante Drehzahl. Leistung 20 bis 30 vH niedriger als gleich großer Drehstrommotor	Schleifmotoren
Repulsions-Motor 	Verschieben der Bürstenbrillen	Langsam steigendes Anzugsmoment, dann Drehzahl wie Verbundwicklung. (III.)	In Fällen, wo ein gutes Anzugsmoment benötigt wird und keine hohe Leerlaufdrehzahl erwünscht ist
Serienschaltung 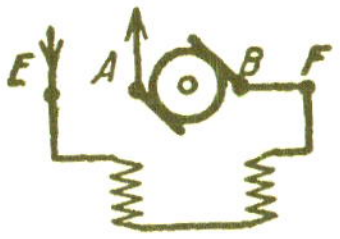 E A B F	Bürstenkabel vertauschen bzw. Bürstenbrille verschieben	Kräftiges Anzugsmoment, hohe Leerlaufdrehzahl, starker Drehzahlabfall bei steigender Belastung	Handbohrmaschinen, Schraubeneinziehmaschinen, Kleinmotoren
Stern ⅄ Dreieck 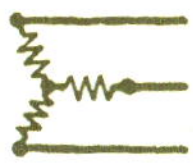 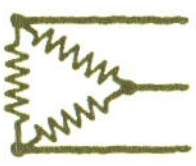 △	Vertauschen zweier Anschlußdrähte	Von der Frequenz (Periodenzahl) des Drehstroms abhängige Drehzahl. Gutes Anzugsmoment	Handbohrmaschinen, Schleifmotoren, Sonderantriebe bis zu 3 kW

ein dazwischen geflochtenes Riemenstück verbunden. Das Stück einer biegsamen Welle empfiehlt sich nicht als Zwischenglied, weil dasselbe bei hoher Drehzahl zu schlingern beginnt und sich bei Belastung aufwickelt.

b) Übliche Stromarten bei Elektrowerkzeugen, Umschaltungsmöglichkeiten.

Beim Bezug von Elektrowerkzeugen wird die Frage nach Stromart, Spannung und je nachdem auch Periodenzahl oft sehr vernachlässigt. Dies rächt sich durch viele Unannehmlichkeiten und Verzögerung bei der Lieferung und kann auch Gefahren nach sich ziehen. Die folgende Übersicht über in der Praxis übliche Stromarten und deren Schaltungen, sowie über gebräuchliche Motoranordnungen ist bei Bestellungen zum Studium zu empfehlen.

Die üblichen Stromarten bei Elektrowerkzeugen und ähnlichen Maschinen sind:

I. Gleichstrom.

1. Gleichstrom mit Zweileiternetz (z. B. Spannungen 110, 220, 440, 550 Volt).
2. Gleichstrom mit Dreileiternetz (z. B. 2 × 110, 2 × 220 Volt).

II. Wechselstrom (allgemein viel gefährlicher als Gleichstrom, auch ist die Periodenzahl zu beachten).

1. Einphasenwechselstrom mit Zweileiternetz.
2. Zweiphasenwechselstrom (kommt sehr selten vor):
   a) unverkettet (vier Leitungen),
   b) außen verkettet (drei Leitungen).
3. Drehstrom (heute am meisten verbreitet):
   a) verkettet mit Nulleiter (vier Leitungen),
   b) verkettet ohne Nulleiter (drei Leitungen).

Je nach der Stromart weist der Motor entsprechende Eigenschaften aus, die bei den an das Elektrowerkzeug gestellten Anforderungen berücksichtigt werden müssen.

In der beigefügten Zahlentafel 3 sind die verschiedenen Stromarten und Zeichen angegeben und dazu die normalen Spannungen, wie sie sich aus dem Leitungsnetz aufbauen können, angeführt. In Spalte 5 dieser Zahlentafel wird schematisch in einem Schnitt durch den Motorkörper die Bauart gezeigt, aus der die Stromart, für die die Maschine bestimmt ist, beim Vorliegen auch nur einzelner Teile, wie z. B. Anker oder Polschuh, erkannt werden kann.

Da bei Elektrowerkzeugen fast immer die natürliche hohe Drehzahl des Elektromotors mit etwa 3000 minutlichen Umdrehungen ausgenützt werden soll, so kommt gewöhnlich zweipolige Ausführung in Betracht. Für besondere Zwecke jedoch, wie Antrieb von Tischbohrmaschinen, biegsamen Wellen usw., sind auch Anordnungen für etwa 1500 minutliche Umdrehungen (bei Gleichstrom zweipolig, bei Drehstrom vierpolig gebräuchlich).

Zu den einzelnen Stromarten ist zu bemerken:

I. Gleichstrom. Im allgemeinen wird beim Dreileiternetz bis zu 1000 Watt an 110 bzw. 220 Volt, d. h. zwischen Null- und Außenleiter angeschlossen, während bei über 1000 Watt der Anschluß an die Außenleiter mit 220 bzw. 440 Volt erfolgt. Zum Beheben von Bürstenfeuern am Kollektor ist oft ein geringes Verstellen der Bürstenbrille ausreichend, hierbei ist jedoch eine Änderung der Drehzahl und die Veränderung der Stromaufnahme zu berücksichtigen. Es wird angegeben z. B. „Gleichstrom 110 Volt“, Schaltung s. Zahlentafel 3.

II. Wechselstrom (einphasiger Anschluß ist auch bei Drehstrom und Zweiphasenstrom möglich, worauf dort besonders hingewiesen wird). Es wird angegeben, z. B. „Einphasenwechselstrom 150 Volt, 50 Perioden“.

Für Einphasenwechselstrom übliche Ausführungsarten sind: Kurzschlußläufer und Hilfsphase im Stator. Das Anlassen mit Hilfsphase muß langsam und vorsichtig geschehen. Nach dem Anlassen ist die Hilfsphase wieder auszuschalten, da sie sonst überlastet wird und durchbrennt. Es empfiehlt sich aus diesem Grunde und wegen der an sich geringen Leistung solche Motoren mit Hilfsphase möglichst wenig zu verwenden und dafür Universalmotoren oder noch besser Drehstrommotoren heranzuziehen, falls Drehstrom zur Verfügung steht. Nicht vermeiden lassen sie sich nur z. B. für Schleifmotoren in einem Einphasennetz.

Die Verwendung von Repulsionsmotoren, d. h. von Einphasenkommutatormaschinen mit kurzgeschlossenen Kohlenbürsten ist für Elektrowerkzeugmotoren verhältnismäßig selten. Diese haben die Charakteristik von Hauptstrommotoren, können aber durch Bürstenverstellung in der Drehzahl sehr leicht z. B. für Anlauf oder Belastung eingestellt werden. Bei Stillstand unter Belastung nehmen sie verhältnismäßig wenig Strom auf.

Hauptstrommotoren werden als Universalmaschinen für Gleich- und Wechselstrom, auch Lichtleitungsmaschinen genannt, gebaut.

Da in jedem Drehstromnetz auch zwischen zwei Außenleitern oder zwischen einem Außenleiter und dem Nulleiter Einphasenwechselstrommaschinen angeschlossen werden können, so muß der den Laien irreführende Ausdruck von „Universalmaschinen für alle Stromarten" eigentlich richtig lauten „Universalmaschinen für jedes Leitungsnetz". Die Einphasenleistung liegt meistens um 10 bis 30 vH niedriger als die entsprechende Gleichstromleistung. Besonders vorteilhaft sind diese Universalmaschinen bei hohen Drehzahlen. In gewissen Grenzen kann eine Änderung der Drehzahl oder eine Minderung des Bürstenfeuers durch Verschieben der Bürstenbrille erreicht werden. Die Universalmotoren sind deshalb beim Verschieben der Bürstenbrille sehr empfindlich. Wo ohne Belastung durch ein Vorgelege, also nur im Leerlauf gearbeitet werden muß, wie z. B. bei Schleifmotoren, bei denen die Schleifscheiben bei hohen Leerlaufdrehzahlen zerplatzen können, lassen sich diese Maschinen nicht ohne weiteres verwenden. Für Einphasenwechselstrom ist auch die Periodenzahl betreffs der Kommutierung zu beachten, und zwar verhält sich dieselbe bei Einphasenwechselstrom gerade umgekehrt als bei Drehstrom, d. h. die Leistung ist bei einer über 50 Perioden liegenden Periodenzahl geringer als umgekehrt. Im allgemeinen spielt eine Schwankung zwischen 40 und 60 Perioden keine Rolle.

Voraussetzung für Universalmotoren ist, daß die Gleich- und Einphasenspannung mit etwa 10 vH Toleranz dieselbe ist, beispielsweise 110 Volt bei Gleichstrom, bzw. 127 Volt bei Wechselstrom, deren mittlere Spannung 115 Volt beträgt. Eine Spannungsverkleinerung durch Vorschalten von Widerständen ist nicht zu empfehlen, da die Maschinen bei Leerlauf fast die volle Spannung erhalten, sich dabei erwärmen und bei etwas schwankender Belastung kein ruhiges Arbeiten mehr zulassen; auch müssen zu lange Zuleitungen wegen des Spannungsabfalls vermieden werden.

Universalmotoren werden auf zwei Arten gebaut:

1. Mit lamelliertem Joch und ausgeprägten Polschuhen bis etwa 200 Watt für kleinere Maschinen (Leerlauf bis über 12000 Min.). Die Maschinen, meist Handbohrmaschinen, können mit einer Hand gehalten werden.

2. Mit genuteten Ständerblechen bis 300 oder 400 Watt, was gleichzeitig die obere Leistungsgrenze solcher Maschinen darstellt (Leerlauf 5000 bis 8000 Min.), je nach Durchmesser und Bandagierung der Rotoren (Anker).

Verketteter und unverketteter Zweiphasenwechselstrom. Diese Stromarten sind wenig gebräuchlich, zumal an zwei Leitern des Zweiphasennetzes Einphasenwechselstrommotoren angeschlossen werden können. Soll jedoch aus einer solchen Maschine die höchste Leistung herausgeholt werden, so kommt hierfür

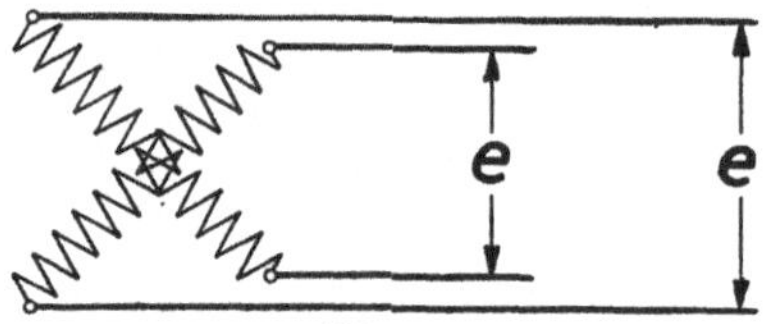

Abb. 3.
Unverketteter Zweiphasenwechselstrom.

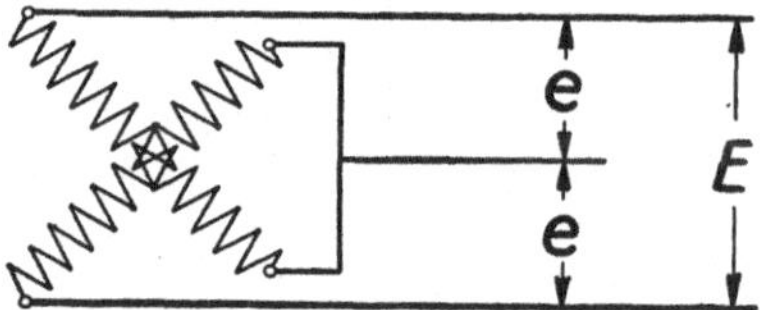

Abb. 4.
Außen verketteter Zweiphasenwechselstrom.

eine Wicklung nach Art der Drehstromkurzschlußmotoren in Betracht. Für verketteten Zweiphasenwechselstrom sind außer dem Erdungsstift 3, für unverketteten sogar 4 Steckstifte erforderlich. Das Verhalten der Motoren ist ähnlich dem der Drehstromkurzschlußmotoren.

Zweiphasenwechselstrom.

a) Unverkettet (vier Leitungen), d. h. offen verkettete Schaltung

$$e = \text{Netzspannung, z. B. } 150 \text{ Volt.}$$

Es wird angegeben z. B.: „Unverketteter Zweiphasenwechselstrom 2 × 150 Volt" (vier Leitungen).

b) Außen verkettet (drei Leitungen), d. h. geschlossen verkettete Schaltung,

wobei
$$E = \sqrt{2}\cdot e = 1{,}414\cdot e\,,$$
$$e = \text{Phasen- oder Netzspannung,}$$
$$E = \text{verkettete Spannung bedeuten.}$$

Es wird angegeben z.B.: „Zweiphasenwechselstrom, außen verkettet 2 × 170 Volt, 1 × 240 Volt" (drei Leitungen).

Die beiden Schaltungen verhalten sich wie

$$E : e = \sqrt{2} : 1\,,$$

z. B. ist ein Motor für 150 Volt offen verkettete Schaltung gewickelt, so läßt er sich auch für 150 Volt geschlossen verkettete Schaltung mit drei Leitungen verwenden.

Die Leistung N in Watt beträgt verkettet

$$= 2\cdot e\cdot J\cdot\cos\varphi$$

und unverkettet

$$= 2\sqrt{2}\cdot e\cdot J\cdot\cos\varphi\,.$$

Drehstrom (Dreiphasenwechselstrom). Es ist auf die Periodenzahl zu achten. Als normal gelten in Deutschland 50 Perioden. Ist die Periodenzahl geringer, so liegt auch Drehzahl und Leistung des Motors niedriger. Bei höherer Frequenz als 50 Perioden gilt das gleiche im entgegengesetzten Sinne. Ab und zu kommen auch Periodenzahlen von 25, 40, 42, 45,3 und 60 Perioden vor.

Infolge des kurzgeschlossenen Rotors (Läufers) ist der Drehstrommotor, auch Asynchronmotor genannt, sehr unempfindlich und arbeitet im Gegensatz zu Kommutatormaschinen funkensicher. Für Elektrowerkzeuge sind Schleifringmotoren nicht üblich[1]. Das Umschalten von einer Spannung auf die andere, z. B. von 125 auf 220 Volt, oder von 220 auf 380 Volt, oder von 380 auf 660 Volt ist durch Änderung der Dreieckschaltung möglich. Der Spannungsschritt beträgt jeweils das $\sqrt{3} = 1{,}73$fache der kleineren Spannung, also z. B. $220 \cdot 1{,}73 = 380$ Volt.

a) Sternschaltung mit herausgeführtem Nulleiter:

e = Phasenspannung, z. B. 220 Volt,

E = Spannung zwischen einer Phase und Nulleiter (Verkettungspunkt).

$$E = \frac{e}{\sqrt{3}} = \frac{200}{1{,}73} = 127 \text{ Volt.}$$

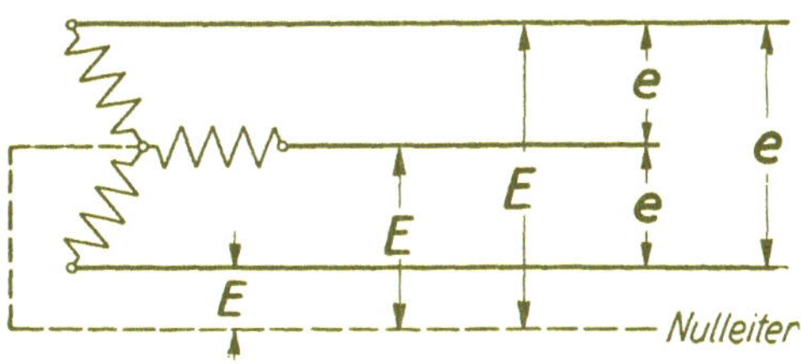

Abb. 5. Drehstrom-Sternschaltung.

Es wird angegeben z. B.: „Drehstrom 380 Volt 50 Perioden“, oder sofern Anschluß an sogenannter Lichtleitung gemeint ist: „Einphasenwechselstrom 220 Volt, 50 Perioden“.

Im letzten Falle kommen also Einphasenmotoren mit entsprechend kleinerer Motorleistung in Betracht.

b) Stern-Dreieckschaltung:

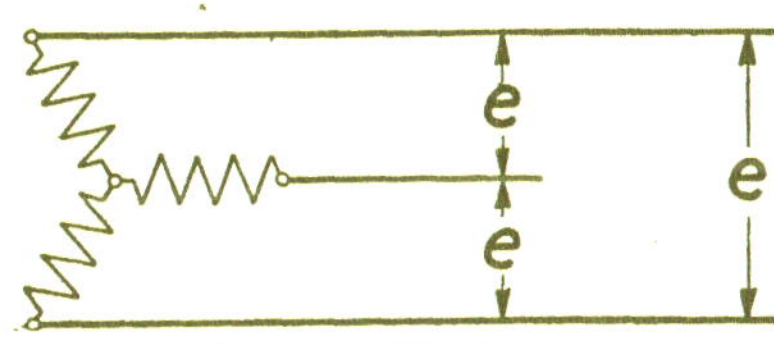

Abb. 6 (z. B. 220 Volt). Sternschaltung.

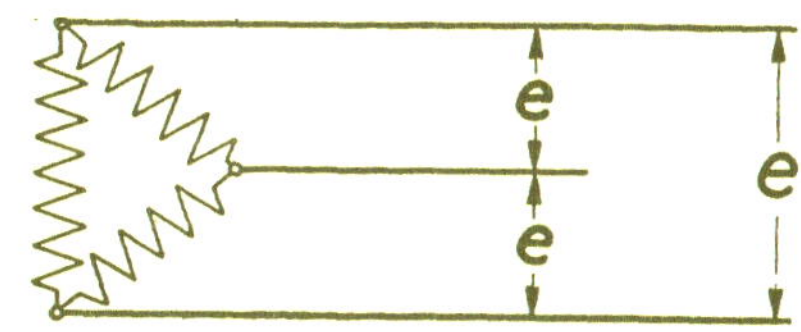

Abb. 7 (z. B. 380 Volt). Dreieckschaltung.

e = Phasenspannung.

Bei Sternschaltung verteilt sich die Phasenspannung e gewissermaßen auf zwei Stränge („Phasen“ eigentlich fälschlicherweise genannt), bei Dreieckschaltung muß ein Strang die ganze Phasenspannung aufnehmen.

Das Verhältnis von Stern zu Dreieck ist wie $\sqrt{3} : 1$. Wenn z. B. eine Wicklung 220 Volt in Dreieck (△) geschaltet ist, so kann sie für 380 Volt verwendet werden, wenn sie in Stern (⅄) geschaltet wird, da $\frac{380}{\sqrt{3}} = 220$ Volt ($380 : 220 = \sqrt{3} : 1$) sind.

Angabe: „Drehstrom 250 Volt 50 Perioden“.

Ausnahmefall: Einphasiger Anschluß, wenn zur Gebrauchsstelle nur zwei von den drei Leitungen des Drehstroms geführt sind.

Es wird angegeben z. B.: „Drehstrom 250 Volt 50 Perioden, Anschluß an Einphasen 250 Volt“. Es ist dies gleichzeitig die Spannungsgrenze für Handbohrmaschinen usw. mit einer Stromaufnahme bis zu 0,3 kW und im übrigen die Grenze für gebräuchlichen Einphasenwechselstrom.

Sämtliche Maschinen, mit Ausnahme derjenigen für Niederspannung, sind nach VDE mit Erdungseinrichtung zu versehen.

[1] Neuerdings finden auch Doppelnutläufer zur Verringerung des Anlaufstromstoßes Anwendung.

Umschaltung auf verschiedene Spannungen. Für Montage und ähnliche Zwecke werden oft Maschinen verlangt, die an verschiedene Spannungen derselben Stromart angeschlossen werden sollen. Bei Drehstrom geschieht dies einfach durch Umwechseln der unten angeführten Umschaltstecker, während bei Gleichstrom ein zweiter Anker erforderlich ist, der beim Wechseln der Spannung eingebaut werden muß.

Durch Umschaltstecker kann also bei Drehstrom beispielsweise ein und dieselbe Maschine an ein Netz von 380 Volt in Sternschaltung und an ein solches von 220 Volt in Dreieckschaltung angeschlossen werden (s. Abb. 6 und 7). Dies gilt natürlich nur für kleinere Maschinen unter 1000 Watt ohne Sterndreieckschalter.

Bei Gleichstrom ist, je nachdem die Maschine z. B. für 110 oder 220 Volt benötigt werden soll, ein Umschaltstecker aufzusetzen, durch den die Magnetwicklung ohne Ändern der Drahtverbindungen parallel oder hintereinander geschaltet wird. Doch muß bei Gleichstrom außerdem noch ein zweiter Anker vorhanden sein und je nach der Spannung ausgetauscht werden.

Sonst gibt es jedoch keine praktischen Lösungen zum Umschalten auf verschiedene Stromarten und Spannungen.

c) Kleinspannungen und Schutzschalter.

In letzter Zeit sind vielfach Bestrebungen im Gange für Elektrowerkzeuge Kleinspannungen von 24, 36 bzw. 42 Volt einzuführen, da bekanntlich Spannungen unter 42 Volt für Mensch und Tier keine Gefahr mehr bedeuten. Demgegenüber ist zu sagen, daß der Betrieb mit Elektrowerkzeugen bei vorschriftsmäßiger Ausführung und Überwachung von Zuleitung, Anschluß und Erdung völlig gefahrlos zu gestalten ist. Diese Bestrebungen für Kleinspannungen sind dagegen in solchen Betrieben berechtigt, wo durch vorhandene Feuchtigkeit oder Dämpfe leicht ein Feuchtigkeitsschluß entstehen kann oder wo Arbeiter besonders innig mit der „Erde“ in Berührung kommen, wie z. B. in chemischen und ähnlichen Fabriken, in Kesseln u. dgl.

Abb. 8. Anschluß eines Elektrowerkzeugs mit Schutzschalter und Sicherungskasten.

Die Ausführung der Elektrowerkzeuge für Kleinspannungen ist deshalb schwierig, weil die Drähte so stark werden, daß sie nur schwer in die Nuten eingelegt werden können; außerdem sinkt der Wirkungsgrad der Maschinen erheblich. Es werden deshalb Kleinspannungsmaschinen fast nur für Drehstrom hergestellt, weil bei Gleichstrom infolge der auftretenden hohen Strombelastungen Kollektoren und Bürsten nur für kleine Motoren unter 100 Watt ausreichend bemessen werden können.

Für die obenbenannten Betriebe kann die Kleinspannung bei Wechselstrom durch tragbare Kleintransformatoren, die zwischen Kraftleitung und Maschine eingeschaltet sind, hergestellt werden.

Wo jedoch die normal geerdeten Elektrowerkzeuge nicht genügend sicher zu sein scheinen, können natürlich solche Kleintransformatoren immer verwendet werden, oft genügt jedoch auch die Anordnung einer Sicherung oder eines Schutzschalters in der Zuleitung. Es gibt hierfür Schutzschalter, die schon beim Auftreten eines Erdschlusses von etwa 0,05 Amp. die Maschinen selbsttätig abschalten (Abb. 8); diese Auswege sind jedoch mit Mehrkosten verknüpft.

Kleintransformatoren können auch für die gebräuchlichen Betriebsspannungen von 110 und 220 Volt herangezogen werden, wenn in ein und demselben Betrieb mehrere Gebrauchsspannungen an verschiedenen Orten vorhanden sind. Man wählt dann, um die Beschaffung mehrerer gleichartiger Elektrowerkzeuge für verschiedene Spannungen zu vermeiden, eine derselben als Hauptspannung aus.

d) Benzin-elektrische Anlagen.

Der Betrieb der Elektrowerkzeuge im Streckenbau (Handbohrmaschinen, Schwelleneindrehmaschinen, Schienenstoßschleifmaschinen) geschieht durch ortsbewegliche, trag- oder fahrbare benzin-elektrische Anlagen, da auf der freien Strecke gewöhnlich kein Strom zur Verfügung steht.

Abb. 9. Tragbare benzin-elektrische Anlage.

Diese benzin-elektrischen Anlagen (Abb. 9) dürfen jedoch nicht zu schwach bemessen sein, weil sonst beim Anhängen mehrerer Maschinen leicht Spannung und Leistung herabsinkt.

Solche benzin-elektrischen Anlagen werden im allgemeinen nur für Gleichstrom gebaut, da Drehstrom nicht gespeichert, d. h. nicht auf Akkumulatoren geladen werden kann. Infolge der kleineren Leistungen für bewegliche Anlagen sind die Stromerzeuger gewöhnlich Gleichstromdynamomaschinen und keine Generatoren mit Fremderregung.

Über erforderliche Antriebsleistungen solcher ortsbeweglicher Stromerzeuger und deren Gewicht, gibt die folgende Zahlentafel Aufschluß, in der als Antrieb leichte Verbrennungsmotoren mit 3000 Umdrehungen gewählt sind. Bei ortsfesten Motoren mit kleinerer Drehzahl würden die Anlagen entsprechend schwerer ausfallen.

Zahlentafel 4. Über benzin-elektrische Anlagen.

Leistungsabgabe der Dynamomaschine in Watt	Leistung des Verbrennungsmotors in PS	Gewicht in kg	Art der Kühlung
900—1000	2	45—60	Luft
1500	3	80	Wasser
2200	5	90	Luft und Wasser
3000	6	100	Luft und Wasser
5000	12	160	Wasser
6000	15	180	Wasser

e) Elektrische Zubehörteile (Schalter, Stecker, Kupplungen und Zuleitungen).

Die größte Aufmerksamkeit gebührt den elektrischen Zubehörteilen, wie Schalter, Anlasser, Stecker, Kupplung und Zuleitung, da die meisten Störungen nur an diesen Teilen zuerst auftreten und sich von hier aus auf die Maschine fortsetzen. Alle diese Teile müssen besonders fest und überlastbar ausgeführt werden. Die Schalter müssen leicht zugänglich und unempfindlich gegen häufiges Aus- und Einschalten unter Vollbelastung sein. Richtiger Anschluß und guter Kontakt, vor allem kräftige Kontaktfedern sind wichtig. Am besten werden Wandanschlußdose, Stekker und Kupplung, sowie Stromverteilungsarmaturen mit den Elektrowerkzeugen mitbezogen, damit ein einwand- und störungsfreier Anschluß gewährleistet ist (Abb. 10 und 11).

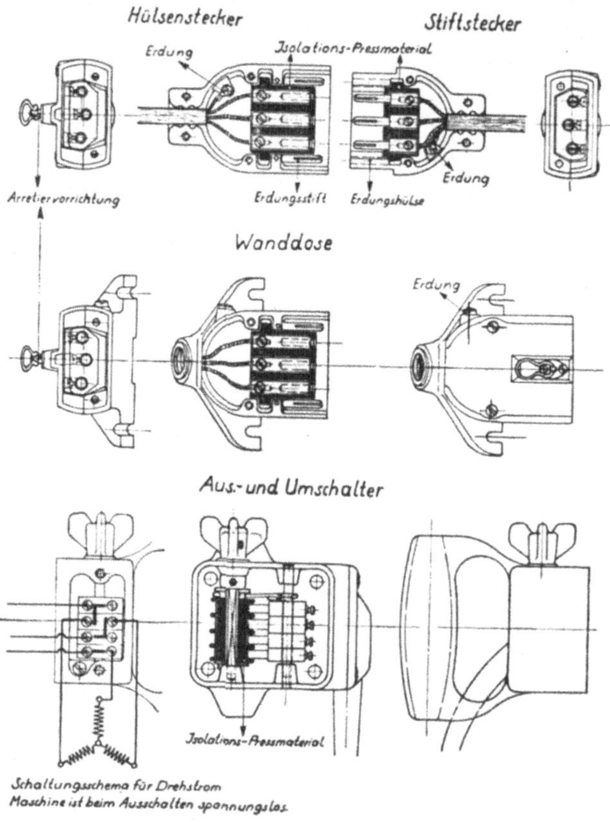

Abb. 10 u. 11. Hülsenstecker, Stiftstecker und Schalter für Elektrowerkzeuge bei Drehstrom.

Die Anbringung und Anordnung der Schalter und Stecker ist sehr verschiedenartig. Gewöhnlich befindet sich ein Stiftstecker für Kupplung am Elektrowerkzeug (Abb. 12). Zur Verbilligung oder damit sich der Abnehmer den Anschluß selbst nach Wunsch oder Fabriknorm herstellen kann, wird gelegentlich auch das Kabelende frei ohne Stecker herausgeführt. Alle Kabel müssen außer den stromführenden Leitern einen Erdungs- bzw. Nulleiterdraht enthalten.

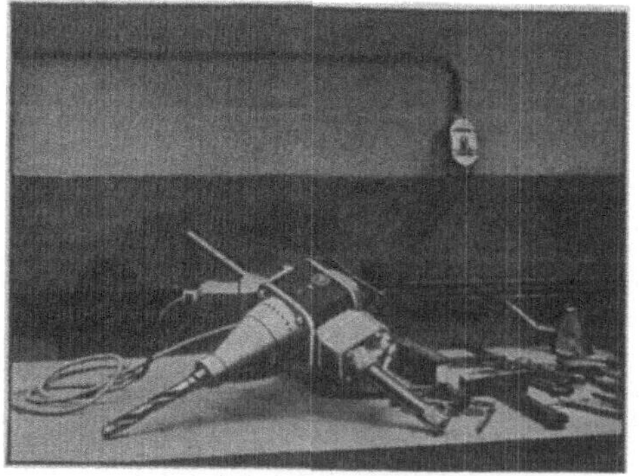

Abb. 12. Handbohrmaschine auf der Werkbank, vorschriftsmäßig angeschlossen.

Zu lange Zuführungsleitungen haben Spannungsabfall und Leistungsverminderung zur Folge. Die Leitungen müssen mit Rücksicht auf rauhe Behandlung gegen äußere Beschädigung mit Gummi oder Leder gut isoliert sein. Kordel und Drahtumhüllung sind nicht mehr zulässig.

Die Bestimmungen des VDE verlangen allpolige Abschaltung, also eine spannungslose Maschine im ausgeschalteten Zustand, sowie zwangsläufige Erdung.

In VDE 5 sind die allgemeinen Leitsätze über Schutzerdung enthalten, die Einzelfälle für Anlasser in VDE 25, 56, für Steckvorrichtungen in VDE 53 § 30—45.

f) Kohlenbürsten und Kommutatoren.

Zum Ersatz von abgenützten Kohlenbürsten empfiehlt es sich, Kohlen derselben Art und mit denselben Abmessungen einzubauen, da die Kohlenbürsten in bezug auf Härte, Körnung, Übergangsspannung, spezifischen Widerstand, Ausrüstung, Abnützung und Reibungsverhältnisse mit dem Motor abgestimmt sind. Bei Nachbezug sind daher Bezeichnung auf der Kohle, sowie Abmessungen und Ausrüstung zu beachten. Unter Ausrüstung einer Kohle versteht man die Zuleitungskabel, die mit Perlen oder Isolierschlauch umgeben sind und die Andrückfedern. Der obere Teil der Kohlenbürsten wird zwecks besseren Stromübergangs teils verkupfert, teils aber auch unverkupfert belassen. Das Zuleitungskabel, das aus weichen Kupferlitzen besteht, ist in die Kohlenbürsten eingegossen oder eingestampft.

Der Auflagedruck soll etwa 400 bis 500 g/cm^2 je nach der Größe der Maschine betragen (je kleiner die Maschine, desto größer ist der Auflagedruck) und mit fortschreitender Abnützung konstant bleiben, weshalb die Anordnung der Andrückfedern diesem Umstand Rechnung tragen muß. Zu starker Federdruck hat starke Erwärmung des Kommutators und rasche Abnützung der Kohlen als Folge.

Bei der Auswahl der Kohlen für die einzelnen Maschinen sind folgende Gesichtspunkte maßgebend:

1. Gleichstrom-Kleinspannungsmaschine unter 42 Volt: Bronzebürsten oder weiche Kohlen mit feiner Körnung.

2. Gleichstrommaschinen mittlerer und höherer Spannung: Weiche bis mittelharte Kohlen mit feiner Körnung.

3. Wechselstrom-Kommutatormaschinen: Harte bis sehr harte Kohle mit möglichst feiner Körnung.

Die Kohle soll möglichst wenig Kommutatorlamellen überdecken (je nach Art der Kommutierung 2 bis 3 Lamellen), überdeckt die Kohlenbürste zuviel Lamellen, so zeigt sich Bürstenfeuer und als Folge ein gleichmäßiges Schwarzwerden einzelner Lamellen, überdeckt sie zu wenig, so wird die Kohle sehr rasch abgenützt bzw. abgebrannt, da der Strombelag zu hoch ist.

Die Kohlenbürsten müssen der Rundung des Kommutators durch Einschleifen mit Schmirgelleinen angepaßt werden. Bei rechts- und linkslaufenden Maschinen ist gutes Einlaufen und richtige Führung der Kohle im Halter besonders notwendig.

Der Kommutator bekommt, wenn die Bürsten gleichmäßig eingelaufen sind, einen schwärzlichen oder bräunlichen Glanz, der nicht entfernt werden soll.

Es empfiehlt sich nicht, den Kommutator unter Strom zu reinigen. Zur Wartung wird der Kommutator von Zeit zu Zeit abgeschmirgelt und, wenn sich bereits Einlaufrillen gebildet haben, leicht so überdreht, daß schon nach kurzem Schmirgeln und Abreiben mit einem weichen Lappen Hochglanz auftritt. Die hervortretende Glimmerisolation ist mit einer flachen Dreikant- oder Fischschwanzfeile zwischen den einzelnen Stegen herauszufeilen (nicht mit Schaber herauszukratzen), so daß zwischen den Stegen eine etwa 0,5 mm tiefe Fuge entsteht. Dies ist besonders wichtig für Maschinen, die im Dauerbetrieb arbeiten (z. B. bei Gebläsen).

Bei Wechselstrom-Kommutatormaschinen sind Bürsten und Kommutator besonders sorgfältig zu pflegen; sonst können leicht Anstände durch rasche Abnützung, Feuern oder sogar ein Verbrennen der Wicklung eintreten, da diese

Teile im Betrieb am meisten beansprucht werden und da am Kommutator infolge der Reibung und Stromwärme die größte Erwärmung der Maschine auftritt. Bürsten- und Kommutatorteile sind von Schmutz und Staub häufig zu reinigen.

g) Preßluft und Elektrowerkzeuge.

In Großbetrieben tritt die Preßluft mit den Elektrowerkzeugen oft in Wett bewerb. Dieser Wettbewerb beschränkt sich in der Hauptsache auf Handbohrmaschinen und Handschleifmotoren, während für die anderen Elektrowerkzeuge eine Preßluftausführung nicht in Frage kommt, da infolge der Unförmigkeit des Kurbelgetriebes ein genügend ruhiger Gang bei Preßluft nicht möglich ist (z. B.

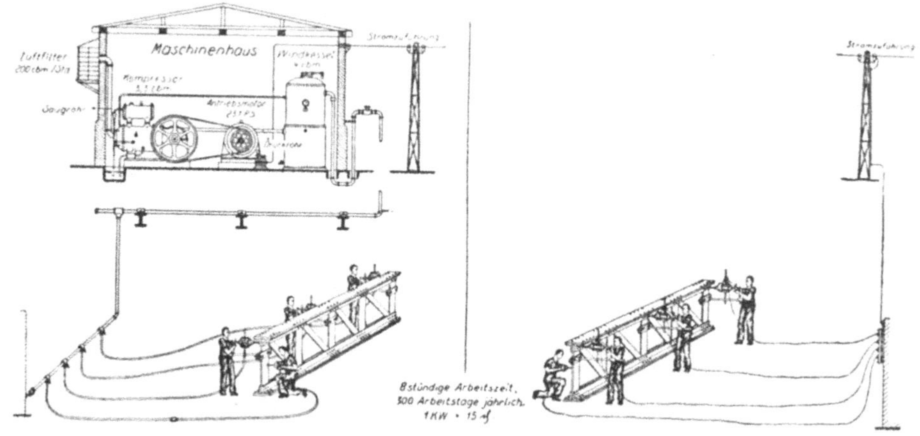

Abb. 13. Vergleich zwischen Preßluft- und elektrischen Handbohrmaschinen.

Je 3 Bohrmaschinen für 32 mm Bohrdurchmesser.
1 Bohrmaschine für 15 mm Bohrdurchmesser
intermittierend
bei Preßluft 23,1 PS = 17 kW Stromverbrauch

$$= \frac{17}{0,9} = 19 \text{ kW}.$$

(Gewicht ohne Gebäude und Fundament etwa 3000 kg.)
Kraftkosten täglich 8 × 0,15 × 19 = M. 22,80,
8,5-facher Stromverbrauch

und bei elektr. Betrieb

$$3 \times \frac{0,66}{0,78} + \frac{0,16}{0,65} = 3 \text{ PS} = 2,21 \text{ kW Stromverbrauch.}$$

(Gesamtgewicht etwa 60 kg.)
Kraftkosten täglich 8 × 0,15 × 2,21 = M. 2,65.
Ersparnis rund 90 vH.

Supportschleifmotore, Tischbohrmaschinen) oder die Preßluft infolge des hohen Kraftverbrauchs teuer und unwirtschaftlich wird (z. B. Kleingebläse, Handsägen, Holzfräsen), abgesehen von den Kosten und Schwierigkeiten der Errichtung einer Preßluftanlage (und deren Unterhaltung) mit Windkessel, Ventil, Kühlung, Rohrleitungen und dgl. Dazu kommt, daß jedes Elektrowerkzeug einzeln eingeschaltet werden kann, während bei Preßluftbetrieb für jedes einzelne Werkzeug die ganze Anlage in Betrieb genommen werden muß (Abb. 13).

Zugunsten der Preßluft wird vor allen Dingen geringeres Gewicht und größere Betriebssicherheit ins Feld geführt. Demgegenüber ist festzustellen, daß bei Kleinhandbohrmaschinen bis etwa 12 mm das Gewicht kaum größer oder gleich dem der entsprechenden P-Maschinen ist, dagegen wird der Kraftverbrauch und die Anschlußschwierigkeit (Gewicht des P-Schlauches) bei kleinen P-Maschinen so groß, daß ihre Verwendung wenig vorkommt. Bei großen Hochleistungstypen wird dagegen fast immer im Bohrwinkel (Abb. 14) oder Karren gebohrt. Das Elektrowerkzeug wird entweder an einem Federzug (Abb. 15) oder mit Gegengewicht aufgehängt, so daß ein Mehrgewicht von 10 bis 20 vH keine große Rolle spielen dürfte. Dafür beträgt der Kraftverbrauch der *P*-Maschinen ein 4—6-faches dessen der *E*-Maschinen (Abb. 13).

Auf Grund der Unterlagen von 6 Preßluft- und 26 Elektromaschinen-Erzeugern wurde folgende Übersicht über Luft- und Kraftbedarf der einzelnen Maschinen zusammengestellt:

Zahlentafel 5. Preßluftvergleich.

Bohrdurchmesser	23 mm ⌀	32 mm ⌀	50 mm ⌀
P Luftverbrauch in cbm/Min. freie Luft. . . .	0,85—1,0	0,85—1,1	1,0—1,3
Mittelwert cbm/Min.	0,9	1,0	1,3
Dieses entspricht Watt (1 cbm/Min. = 5000 Watt)	4500	5000	6500
E Maschinenleistung in Watt.	180—1100	330—1700	440—1900
Mittelwert Wattleistung	500	700	1000
Angenommener Wirkungsgrad der *E*-Maschinen	0,67	0,70	0,72
Demnach Kraftverbrauch in Watt der *E*-Maschinen	750	1000	1400
Mehrverbrauch $\frac{P}{E}$	6	5	4,5

Abb. 14. Durchzugstyp bei der Arbeit im Bohrwinkel.

Man sieht daraus, daß der Kraftverbrauch bei kleinen *P*-Maschinen unverhältnismäßig höher als bei größeren ist und daß dadurch die Anwendung kleinerer Preßluft-Handbohrmaschinen ganz besonders unwirtschaftlich wird.

Dazu kommt, daß der Leerlaufverbrauch der *P*-Maschinen ohne besonderen Regler annähernd derselbe wie bei Belastung bleibt und mit Regler immer noch 40 vH des Vollkraftverbrauchs beträgt. Auch die Einrichtung zum Umkehren läßt sich bei *P*-Maschinen nicht so einfach bauen wie die Umkehrschalter bei *E*-Machinen.

Abb. 15. Handbohrmaschine am Federzug.

Der Betrieb der *E*-Maschinen ist durch Verwendung einwandfreier Zuleitungen und Anschlußgeräte (Abb. 8, 10, 11 und 12) bei dauernder Überwachung der Zuleitungen und Erdung völlig sicher zu gestalten, sonst besäßen die Elektrowerkzeuge in Kleinbetrieben, wo weniger sachkundiges Personal zur Verfügung steht als in Großbetrieben, keine solche Verbreitung. Die Drehstrommaschinen mit ihren Kurzschlußmotoren eignen sich infolge ihres funkenfreien Arbeitens sehr gut zum Wettbewerb gegen die *P*-Maschinen und bedürfen einer äußerst geringen Wartung.

h) Drehstrom höherer Frequenz.

Eine Lösung, auch elektrische Maschinen leichter zu bauen, ist die, hochperiodigen Drehstrom (100 Perioden und mehr) mit einem besonderen Umformer zu erzeugen und die Drehstrommaschinen mit einer entsprechend höheren Drehzahl arbeiten zu lassen, wodurch sich die Leistung bei gleichem Gewicht entsprechend der Periodenzahl vergrößert. Die Gewichte sind schon bei 100 Perioden gleich oder kleiner als die entsprechender Preßluftmaschinen. Dabei nimmt das Drehmoment der Drehstrommaschinen bei Überlastung nicht übermäßig zu, wodurch die Maschinen ähnlich wie bei Preßluft auch durch ruckartiges Festbremsen nicht so stark in Anspruch genommen bzw. überlastet werden, wie dies bei Gleichstrommaschinen der Fall ist, die bei Überlastung das Drehmoment auf das 4 bis 7fache des Normalen steigern können.

Man ist bei diesen Anlagen allerdings von einer Umformeranlage mit beschränkter Anschlußmöglichkeit abhängig und gezwungen, bei Inbetriebnahme jeder einzelnen Maschine den ganzen Umformer zu betätigen. Außerdem sind bei Neuanschaffungen die Maschinen nicht so leicht erhältlich, da solche nicht immer greifbar sind. Es kommen solche Anlagen daher nur für Großbetriebe in Frage.

B. Handbohrmaschinen.

a) VDE 34.

Regeln für die Bewertung und Prüfung von Handbohrmaschinen.

§ 1. Nachstehende Regeln sind gültig vom 1. Juli 1927. (Sie sind ergänzt nach den Beschlüssen des VDE vom Juli 1929.)

§ 2. Handbohrmaschinen müssen den „Vorschriften für die Errichtung und den Betrieb elektrischer Starkstromanlagen“ sowie, falls keine anderen Bestimmungen getroffen sind, den „Regeln für die Bewertung und Prüfung von elektrischen Maschinen R.E.M.“ entsprechen.

Zusatz: Handbohrmaschinen mit einer Nennleistung bis zu 500 Watt einschließlich gelten als Handbohrmaschinen mit Kleinstmotoren.

§ 3. Begriffserklärungen. Elektrische Handbohrmaschine ist eine Bohrmaschine mit eingebautem elektrischen Antrieb, die zur Verrichtung von Bohr-, Aufreibe- und ähnlichen Arbeiten durch das Bedienungspersonal von Hand an die Bearbeitungstelle gebracht wird.

Stundenleistung bzw. Halbstundenleistung ist die Leistung, die die Maschine bei voller Belastung unter dem vorgschriebenen Axialdruck bei der gekennzeichneten Schutzart 1 bzw. $^1/_2$ h lang ununterbrochen abgibt.

Gekapselt ist eine Maschine, die keinerlei Öffnungen hat. Die äußere Wärmeabfuhr erfolgt lediglich durch Strahlung, Leitung und natürlichen Zug.

Geschützt ist eine Maschine, bei der die zufällige oder fahrlässige Berührung der stromführenden und innen umlaufenden Teile sowie das Eindringen von Fremdkörpern erschwert ist. Das Zuströmen von Kühlluft aus dem umgebenden Raum ist nicht behindert. Gegen Staub, Feuchtigkeit und Gasgehalt der Luft ist die Maschine nicht geschützt, sie kann aber gegen Spritzwasser geschützt sein.

Axialdruck ist der Druck, der beim Prüfen der Bohrmaschine ausgeübt werden muß.

§ 4. In den Preislisten und Angeboten sollen der höchstzulässige Bohrdurchmesser für Werkstoffe von 50 kg Zugfestigkeit sowie die Leistung der Maschine in Stundenleistung bei Maschinen für mehr als 10 mm Bohrdurchmesser und in Halbstundenleistung für Maschinen bis 10 mm Bohrdurchmesser an der Bohrspindel in W angegeben werden. Ferner ist die Schutzart anzugeben.

§ 5. Die Messung der Stundenleistung bzw. Halbstundenleistung erfolgt durch Bremsung der Bohrspindel unter folgendem Axialdruck:

Bohrdurchmesser	Axialdruck
6 mm	50 kg
10 „	75 „
15 „	150 „
23 „	300 „
32 „	500 „
50 „	750 „

Vorstehende Bohrdrucke gelten für Schnittgeschwindigkeiten des Bohrers bis 18 m/min. Bei Schnittgeschwindigkeiten von 18 bis 25 m/min können für die Prüfung obige Axialdrucke auf $^2/_3$ herabgesetzt werden.

§ 6. In bezug auf mechanische Festigkeit müssen die Maschinen folgende Druckbelastung aushalten können:

Bohrdurchmesser	Axialdruck
6 mm	100 kg
10 „	150 „
15 „	300 „
23 „	500 „
32 „	800 „
50 „	1200 „

§ 7. Spannungen für normale Maschinen sind:

für Gleichstrom 110 und 220 V
bei einer abgegebenen Leistung von 200 W und darüber auch . . . . 440 und 550 V,
für Drehstrom . . . . 125, 220 und 380 V,
für Wechselstrom . . . . 125 und 220 V.

Die Normalfrequenz ist 50 Per/s.

§ 8. Als Zuführungsleitungen zu der Maschine dürfen drahtbeflochtene Leitungen nicht verwendet werden.

Die Zuführungsleitung muß einen zur Erdung oder zur Betätigung von Schutzvorrichtungen dienenden Leiter besitzen, der mit dem Körper der Maschine dauernd oder bei lösbarer Verbindung zwangläufig vor Unterspannungsnetzen der Maschine leitend verbunden wird. Bauart und Querschnitt des Erdungsleiters müssen den Bestimmungen des § 15 der „Vorschriften für isolierte Leitungen in Starkstromanlagen V.I.L. 4" entsprechen.

Mit Handbohrmaschinen fest verbundene Zuleitungen müssen einen am Gehäuse angeschlossenen und als solchen gekennzeichneten Erdungsleiter haben, um eine Erdung oder Betätigung von Schutzvorrichtungen zu ermöglichen; ferner müssen diese Zuleitungen gegen Verdrehen und Zug gesichert sein.

§ 9. Jede Maschine ist mit einem Schalter zu versehen, durch den die Wicklungen und sonstigen stromführenden Teile des Motors spannungslos gemacht werden können. Bei Maschinen für Spannungen unter 250 V, bei denen der zulässige Bohrdurchmesser 10 mm nicht übersteigt, sind auch Schalter zulässig, durch die die Maschinen nur stromlos gemacht werden.

Der Schalter und die Gerätesteckvorrichtung müssen gegen mechanische Beschädigungen durch Metallkapselung geschützt sein und, wenn nicht an sich mit dem Körper der Maschine leitend verbunden, ebenfalls geerdet sein.

§ 10. Alle Maschinen bis einschließlich 10 mm Bohrdurchmesser sind mit einem zentrisch spannenden Bohrfutter auszurüsten, die größeren Maschinen mit Bohrung für Morse- oder metrischen Kegel.

§ 11. Jede Maschine muß mit einem Ursprungszeichen versehen sein.

§ 12. An jeder Maschine ist ein Schild anzubringen, das folgende Angaben enthält:

1. Fertigungsnummer,
2. Stundenleistung oder Halbstundenleistung in W an der Bohrspindel,
3. Schutzart,

4. höchstzulässiger Bohrdurchmesser für Werkstoffe von 50 kg Zugfestigkeit bei dieser Leistung,
5. Stromart,
6. Spannung,
7. Frequenz,
8. Drehzahl der Bohrspindel bei obiger Leistung.

Erklärungen.

Zu § 3. Für Maschinen, die ausschließlich zu Sonderzwecken, wie Schraubenziehen, Rohrwalzen usw., bestimmt sind, gelten diese Regeln ebenfalls, mit Ausnahme der Bestimmungen über Prüfung, Leistung und Leistungsschild.

Die Prüfung dieser Maschinen ist sinngemäß unter Berücksichtigung ihrer eigenartigen Beanspruchung vorzunehmen.

Zu §§ 4 und 5. Die nach § 4 in den Preislisten und Angeboten anzugebende Leistung der Maschine ist durch Bremsung an der Bohrspindel unter dem angegebenen Axialdruck zu ermitteln, und zwar ist hierbei die Maschine je nach der auf dem Schilde angeführten Schutzart zu prüfen. Die Bremsung an der Bohrspindel ist vorgesehen, damit auch der Wirkungsgrad des Getriebes bei der Messung Berücksichtigung findet.

Die in § 5 angegebenen Axialdrucke gelten nur für die Püfung. Sie sind nicht maßgebend für den beim Bohren anzuwendenden Bohrdruck.

Zu § 6. Die Druckprobe ist als reine mechanische Festigkeitsprüfung aufzufassen, um festzustellen, ob die einzelnen Konstruktionsteile durch diesen Druck keine unzulässige Deformation erleiden. Die Probe kann bei stillstehender Maschine ausgeführt werden.

Zu § 7. Höhere Spannungen, als in § 7 angegeben, sind unzulässig.

Zu § 8. Die in § 8 vorgesehene Erdung dient zum Schutze des Arbeiters und soll aus einem in der Zuführungsleitung liegenden Erdungsleiter bestehen.

Zu § 11. Das Ursprungszeichen an der Maschine kann entweder der Firmenname oder irgendein Musterzeichen sein, an Hand dessen einwandfrei der Hersteller der Maschine erkannt werden kann. Dieses Ursprungszeichen muß unlösbar mit der Maschine verbunden sein (eingegossen oder eingeschlagen usw.). Das Zeichen kann nach Belieben innen oder außen an der Maschine angebracht werden.

Zu § 12. Die aufgeführten Angaben über das Maschinenschild sind unbedingt einzuhalten; weitere Angaben bleiben dem Belieben der einzelnen Firmen überlassen.

b) Entwicklung.

Die Handbohrmaschinen sind das älteste, bekannteste und verbreitetste Elektrowerkzeug; sie wurden zuerst nur für Gleichstrom gebaut, und zwar in Deutschland von der Firma C. & E. Fein im Jahre 1895 (Abb. 16) und in Amerika von der Firma Hisey Wolf im Jahre 1896, da damals Drehstrom noch nicht ge-

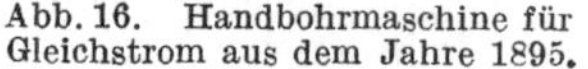

Abb. 16. Handbohrmaschine für Gleichstrom aus dem Jahre 1895.

Abb. 17. Handbohrmaschine mit Rädervorgelege aus dem Jahre 1901 (auch Drehstrom).

bräuchlich war. Die Ausführung der ersten Drehstrombohrmaschine etwa im Jahre 1900 fiel mit der erstmaligen Verwendung von Aluminiumteilen zusammen. Zur Erzielung geringerer Drehzahlen für größere Bohrdurchmesser wurden im Jahre 1901 Rädervorgelege vor die Bohrwelle geschaltet, die von einem Gußgehäuse zwanglos umhüllt sind (Abb. 17). Ein- und Mehrphasenmotoren mit Käfigankern wurden bereits im Jahre 1902, Universalmotoren für den Anschluß an Gleich- und Wechselstrom dagegen erst seit den Jahren 1913/14 verwendet.

Heute unterscheidet man im allgemeinen zwischen Lichtleitungsmaschinen, d. h. kleinen, leichten Handbohrmaschinen (Abb. 18) mit Universalmotoren, die aus freier Hand (mit Pistolenhandgriff bis etwa 10 mm Bohrdurchmesser oder seitlichen Handgriffen und Brustplatte bis etwa 15 bzw. 23 mm) bedient werden, und zwischen Hochleistungs-Handbohrmaschinen (Abb. 19), die nur für Gleich- oder Drehstrom ausgeführt (bei kleinen Leistungen auch mit Universalmotor) und mit Zuspannschrauben (etwa ab 15 mm Bohrdurchmesser) angepreßt werden.

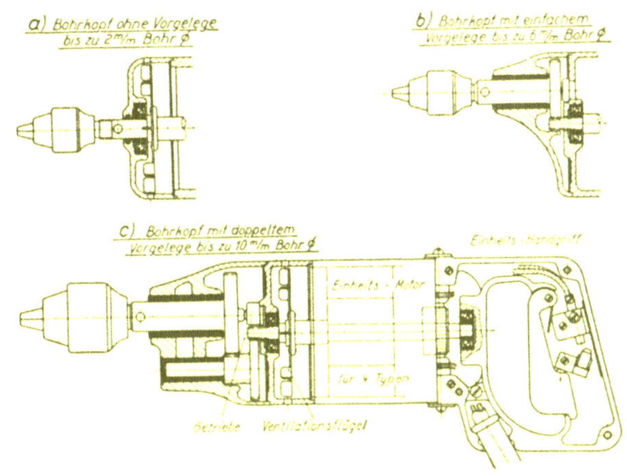

Abb. 18. Typenreihe einer Kleinhandbohrmaschine.

Durch Zuspannschrauben wird die Bohrgeschwindigkeit wesentlich gesteigert.

Dabei werden Typen entweder mit leichtem Motor und bei mäßiger Drehzahl für Werkzeugstahlbohrer und normale Leistung neben solchen mit überdimensioniertem Motor bei hohen Drehzahlen für Schnellstahlbohrer und Spitzenleistung entwickelt.

1 Zuspannschraube oder -spindel mit Handrad
2 Kollektor-Kommutator-Lager
3 Kollektor-Kommutator-Deckel
4 Bürstenbrille
5 Kohlenhalter
6 Kohle
7 Kollektor-Kommutator
8 Körper (=) bzw. Ständer (≋)
9 Polschuh (=) bzw. Ständerpaket (≋)
10 Anker (=) bzw. Läuferpaket (≋)
11 Magnetspulen (=) bzw. Ständerwicklung (≋)
12 Ankerwicklung
13 Anker (=) bzw. Läuferwelle (≋)
14 Ventilationsflügel, Ventilator
15 Inneres Zahnrad-Zwischen-Antriebs-Lager
16 Äußeres Zahnradlager
17 Gleitlager
18 Anker (=) bzw. Läufertrieb (≋)
19 1. Vorgelegezahnrad oder Zwischenzahnrad
20 1. Vorgelegetrieb oder Zwischentrieb
21 Bohrwellenzahnrad
22 Bohrwelle oder Bohrspindel
23 Lagerbüchse oder Bohrwellen-Lagerbüchse
24 Gegendruckkugellager
25 Schalter
26 Umschalter
27 Stecker-Anschluß
28 Handgriff

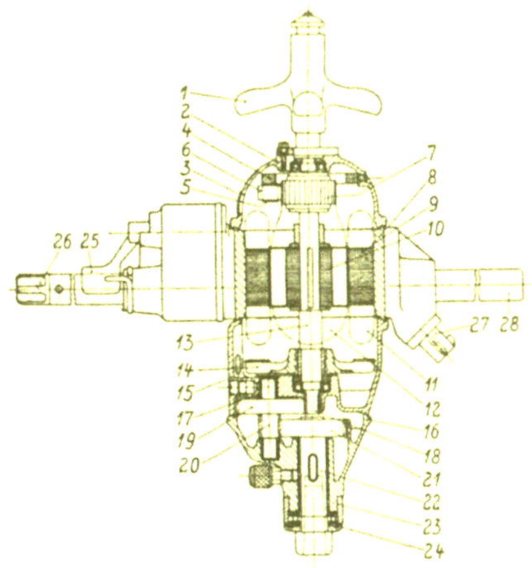
Abb. 19. Hochleistungshandbohrmaschine im Schnitt.

Die Drehzahlen werden entsprechend dem Bohrdurchmesser und entsprechend dem Verwendungszweck gewählt für Holz, Leichtmetall, Gewindeschneiden u. dgl., wobei Zahnräder für eine höhere Drehzahl immer in den für eine geringere Drehzahl bestimmten Bohrkopf eingebaut werden können.

Die Antriebsmotoren laufen meist in Kugellagern. Die Drehzahl beträgt durchweg 3000 oder mehr/Min., um möglichst klein und leicht bauen zu können.

Motor. Für die Bestimmung der Motorstärke sind die zulässigen Schnittgeschwindigkeiten und die dadurch gegebenen Drehzahlen maßgebend, wobei zur Benennung der Leistung in VDE „34, Regeln für die Bewertung und Prüfung von Handbohrmaschinen", § 3, 4 und 5 bei Maschinen bis zu 10 mm Bohrdurchmesser auf Halbstundenleistung, über 10 mm Bohrdurchmesser auf Stundenleistung unter vorgeschriebenem Axialdruck (vgl. S. 19) geprüft werden muß. Die Erwärmung darf dabei nicht über die in VDE 19 § 39 festgelegten Grenzen hinausgehen.

Abb. 20. Universalbohr- und Prüfstand.

Die Leistung wird gewöhnlich in mm Bohrdurchmesser bei Stahl von 50 kg/mm² Festigkeit angegeben unter Beifügung der Wattleistung und Drehzahl der Maschine, doch herrscht über die Bohrleistung in der Angabe einer Kennziffer insofern keine Einheitlichkeit, da dieselbe

in mm/Min. (Bohrtiefe),
mm³/Min. oder g/Min. (zerspante Menge),
mm³/Min./Watt oder g/Min./Watt,
mm³/Min./kg oder g/Min./kg Maschinengewicht

angegeben werden kann.

Außerdem spielen Anschliff des Bohrers, Bohrdruck, Drehzahl und Motorleistung mit herein. Als Anhalt genügt die Messung der Bohrtiefe in mm/Min. oder das Spangewicht in g/Min. Als Maßstab für die Spanleistung einer guten Handbohrmaschine sei angegeben, daß mit 100 Watt/Min. aufgenommene Maschinenleistung etwa 1000 mm³ Spanmenge erbohrt werden, wobei 1000 mm³ ungefähr 7,85 g Spanmenge entsprechen.

Durch Bremsung der Maschine mit und ohne Vorgelege läßt sich der Wirkungsgrad des Vorgeleges bestimmen. Die Ermittlung der Bohrleistung geschieht am besten durch Abstoppen der Bohrzeit unter Andrücken der Handbohrmaschine von Hand oder mit Zuspannschraube oder in einem besonderen Versuchsbohrstand, in dem insbesondere der ausgeübte Bohrdruck gemessen werden kann. Eine solche Meßeinrichtung läßt sich durch geeichte Federn oder mit Hebeln und Gewichten oder hydraulisch mit Druckkolben und Manometer leicht bauen. Abb. 20 zeigt einen solchen Universalprüfstand, auf dem hydraulisch Bohrdruck und Drehmoment während des Versuchs gemessen und der Bohrdruck sowohl durch Hebel als auch Zuspannschraube ausgeübt werden kann. Desgleichen lassen sich dort beliebige Erwärmungsversuche bei verschiedenen Belastungen der Maschine vornehmen[1].

In Abb. 21 sind die Werte einer 23-mm-Handbohrmaschine, wie sie auf Grund der Bremsung in einer Wirbelstrombremse und von Versuchen im Bohrstand

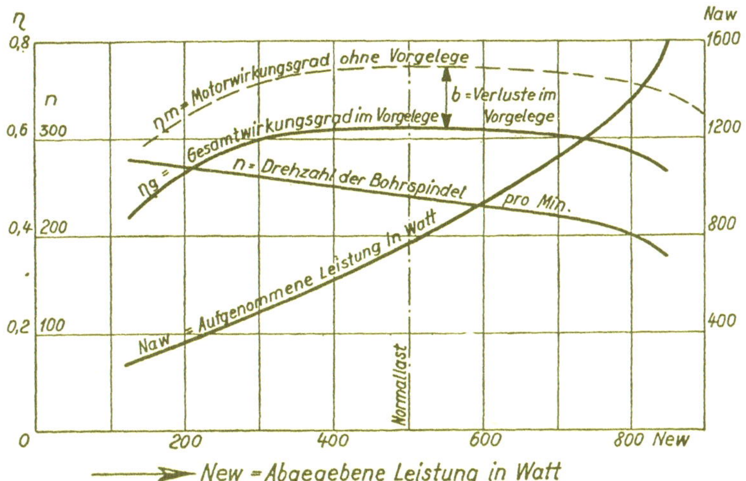

Abb. 21. Leistungsbild einer 23-mm-Bohrmaschine für Gleichstrom.

erzielt wurden, als Schaubild aufgezeichnet. Die aufgenommenen Versuchswerte sind in ihren Grenzen als Muster eines solchen Bohrversuchs in folgender Zahlentafel 6 aufgeführt.

Zahlentafel 6.

Leistungsprotokoll einer 23-mm-Handbohrmaschine für Gleichstrom.

Bohrleistung in Stahl von 50 kg/mm² Festigkeit 23 mm
Drehzahl/Minute 200
Kegel nach Morse 2
Gewicht ohne Zuspannschraube . . . . 13,2 kg

Bohrdruck	in kg	abgegebene Leistung in		Bohrtiefe in mm/Min.	Zerspante Menge in g/Min.	g/Min.	g/Min.
		Watt	PS			aufgen. Watt	Masch.-Gewicht
Normal, d. h. mit Zuspannkreuz	140—350[2]	230—650	0,3 —0,9	12—31	40—105	0,09—0,1	3,0—7,9
Nach VDE .	300	550—580	0,75—0,8	29—31	95—104	0,10—0,11	7,2—7,9
Höchstdruck mit Hebelarm gedrückt	450—520	700—800	0,95—1,1	32—41	108—136	0,072—0,074	8,2—10,3

Die Bohrversuche sind auf Grund von etwa je 6 Bohrversuchen zusammengestellt. Aus der Zahlentafel geht hervor, in welcher Weise sich die Leistungen bei verschiedenem Bohrdruck ändern. So liegt bei dieser Maschine z. B. der günstigste Wirkungsgrad beim VDE-Bohrdruck, während sich bei höherem Druck der

[1] Vgl. Versuchmeßtische nach Keßner oder nach Schlesinger.
[2] Es ist hier absichtlich ein Beispiel mit weiten Grenzen gewählt.

Wirkungsgrad wieder verschlechtert. Die größte Leistung wird jedoch in diesem Beispiel beim höchsten Bohrdruck erzielt.

Die Werte eines ständigen Erwärmungsversuchs sind in Abb. 22 aufgezeichnet. Man sieht hieraus, wie die Maschine in der Erwärmung bemessen ist. Nach 60 Min. bleibt sie gerade noch unter der zulässigen Grenzerwärmung, d. h. Gesamt- oder Grenztemperatur abzüglich der Raumtemperatur von 20°.

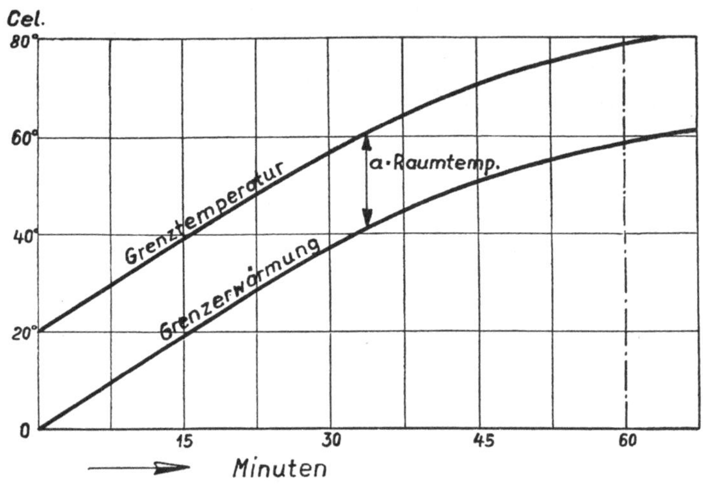

Abb. 22. Erwärmung einer 23-mm-Bohrmaschine für Gleichstrom.

Theoretisch kann die für eine Bohrarbeit erforderliche Motorleistung aus Bohrdruck, Bohrdurchmesser, Drehzahl, Vorschub und Schnittwiderstand bestimmt werden. Ihre Berechnung ergibt sich nach Angabe der Betriebshütte 1929, S. 1059, wie folgt:

Der Schnittwiderstand W je Bohrerschneide in kg beträgt

$$W = \frac{\delta \cdot d \cdot K}{2 \cdot 2},$$

der Bohrdruck P in kg ist

$$P = 0{,}433\, \delta \cdot d \cdot k,$$

das Drehmoment in mmkg wird

$$M_d = \frac{d^2 \cdot \delta \cdot K}{8},$$

wobei bedeuten

W = Schnittwiderstand,

δ = Vorschub je Umdr. der Bohrspindel (mm/Umdr.),

d = Bohrerdurchmesser in mm,

P = Bohrdruck in kg, vgl. Zahlentafel 9,

M_d = Drehmoment in mmkg und

Stoffzahl nach Fischer

K = 70 bis 120 kg/mm² für Grauguß,

= 110 bis 170 kg/mm² für Schmiedeisen,

$= 160$ bis $240\ kg/mm^2$ für S.-M.-Stahl,

$= \sim 130\ kg/mm^2$ für Stahlguß.

Die erforderliche Motorleistung der Maschine N ergibt sich in PS als

$$N = \frac{W \cdot v}{60 \cdot 75} \frac{1}{\eta},$$

wobei

$N =$ Leistung in PS,

$v =$ Schnittgeschwindigkeit am Bohrerumfang in m/Min.

$\eta = 0,5$ bis $0,7$ Gesamtwirkungsgrad der Maschine

ist. Der Schnittdruck ist deshalb schwierig anzugeben, da derselbe immer von Konstanten der Maschine, des Werkzeugs und des Werkstoffs abhängig ist. Koeffizienten und Berechnungen werden hierfür von Schlesinger in „Werkstatt-Technik" 1923, Heft 14, sowie J. Hart in der „Werkzeugmaschine" 1920, Heft 3, und im Schuchardt & Schütte-Taschenbuch angegeben, und man ist hier sehr auf die Erfahrungswerte der Praxis angewiesen.

Zahlentafel 7. Über Schnittgeschwindigkeiten.

An Schnittgeschwindigkeiten sind bei Handbohrmaschinen üblich:

Werkstoff	Werkzeug-stahlbohrer $v =$ m/Min.	Schnell-stahlbohrer $v =$ m/Min.
Stahl von $50\ kg/mm^2$ Festigkeit (vgl. VDE 34 § 4) . .	12—18	15—25
Messing, Holz	20—35	35—60
Leichtmetall (z. B. Al.)	25—35	100 max.

Als Vorschübe in Stahl und Leichtmetall kommen für die einzelnen Bohrdurchmesser nach Angabe von Stock und der Werkstattstechnik (Zahlentafel 8) folgende in Frage:

Zahlentafel 8. Über Vorschübe.

Werkstoff	Bohrdurch-messer in mm	1—4	4—10	10—20	20—40	40—100
Stahl	Vorschub in mm/Umdrehung	0,1—0,15	0,12—0,3	0,15—0,4	0,2—0,45	0,2—0,5
Leichtmetall	Vorschub in mm/Umdrehung	0,1—0,15	0,15—0,25	0,2—0,4	0,25—0,5	0,6—0,8

In der folgenden Übersichtszahlentafel 9 sind in Spalte 1 bis 3 Werte nach den Regeln VDE 34 § 5, in Spalte 4 und 5 Versuchswerte mit Maschinen verschiedener Herkunft und in Spalte 6 bis 8 Zahlenwerte auf Grund der Unterlagen von 26 deutschen und amerikanischen Herstellern zusammengefaßt. Der allgemeine Mittelwert (DM) aus den Listen der nur deutschen Firmen ist darunter geschrieben, es geht daraus hervor, daß bei diesen Maschinen in der Wahl der Abmessungen sehr weite Grenzen bestehen, obwohl nach den VDE-Vorschriften die Leistungen ziemlich zwangsläufig festgelegt sind.

Zahlentafel 9. Über elektrische Handbohrmaschinen.

Nach VDE genormte Bohr-∅ mm 1	Übliche Kegel für Bohrer 2	Prüfungsaxialdruck VDE kg 3	Bohrdrücke im Zuspannkreuz ermittelt kg 4	Bohrleistung, Bohrtiefe in mm/Min. 5	PS-Leistung des Motors 6	Gewichte kg 7	Drehzahlen n/Min. 8
6	zylindrischer Schaft	50	20—25	10—40	0,08—0,18 DM 0,12	2,5—5,6 DM 3,9	800—2000 DM 1360
10	mit Bohrfutter	75	35—40	10—50	0,12—0,18 DM 0,16	4,5—10,5 DM 8,5	400—1100 DM 655
15	I	150	70—75	15—40	0,12—0,75 DM 0,33	6,5—16 DM 10	200—600 DM 385
23	II	300	120—200	12—35	0,23—1,5 DM 0,61	10,5—27 DM 15,4	125—400 DM 195
32	III	500	230—275	12—30	0,45—2,3 DM 0,97	15—38 DM 22,1	100—335 DM 167
50	IV	750	350—450	10—25	0,61—2,6 DM 1,34	24—44 DM 32	70—200 DM 116

c) Aufbau (Abb. 18 und 19).

Nach VDE ist vorgesehen, die Einzelteile einer Handbohrmaschine einheitlich zu benennen. Zur Zeit sind die in der beigefügten Schnittzeichnung (Abb. 19) angegebenen Bezeichnungen gebräuchlich; die Handbohrmaschine besteht demnach aus folgenden Hauptteilen:

äußeres Zahnradlager mit Vorgelegerädern und Bohrspindel, inneres Zahnradlager mit Vorgelegerädern und Lagerung, Ventilationsflügelrad,

Anker mit Kollektor (Kommutator) (bei Gleichstrom) oder Kurzschlußläufer (Käfiganker) (bei Drehstrom) und aufgesetzter Trieb,

Körper mit Polschuhen und Magnetwicklung (bei Gleichstrom) oder Ständer mit Wicklung (bei Drehstrom),

Kollektorlager mit Bürstenbrille und Kohlenhalter (Bürstenbrille und Kohlenhalter nur bei Gleichstrom- und Universalmaschinen),

Zuspannschraube (auch Zuspannkreuz od. Zuspannspindel mit Handrad genannt).

Äußeres und inneres Zahnradlager mit Vorgelegerädern, Bohrspindeln und Lagern bilden den Bohrkopf.

Der Wirkungsgrad der Vorgelege liegt bei 85 bis 88 vH (vgl. Abb. 21). Bei Hochleistungsbohrmaschinen wird nur eine Drehzahl am Bohrkopf vorgesehen, doch werden von kleineren Betrieben auch Maschinen mit mehreren Geschwindigkeiten gewünscht, hierbei sind folgende Ausführungen bekannt:

Das Umschalten erfolgt durch eine geringe Verdrehung der Bohrspindel, die in ihrer zentralen Lage verbleibt, dabei werden verschiedene Zahnräder in eine Innenverzahnung eingerückt. (Deutschland.)

Es werden mehrere Spindeln aus einem Bohrkopf herausgeführt und der Bohrer wird jeweils umgesteckt, hierbei ist die exzentrische Lage des Bohrers zu berücksichtigen. (Frankreich, Italien.)

Bei Lösung durch elektrische Umpolung ist die Auswahl in der Drehzahl beschränkt, auch macht die Ausführung der Schalter Schwierigkeiten, so daß eine elektrische Umschaltung sich bis jetzt nicht einführen konnte.

Die Zahnradlager sind aus einer Aluminiumlegierung oder sonstigem Leichtmetall hergestellt und so geformt, daß das Vorgelege noch genügende Festigkeit hat und daß es gut geschmiert werden kann.

Die Zahnräder sind meist gehärtet und bestehen aus besonders gutem Material (Chromnickelstahl, Einsatzmaterial). In der Beanspruchung geht man fast bis zur zulässigen Grenze. Zur weiteren Gewichtsersparnis sind Ausbohrungen gebräuchlich. Die Ritzel werden aufgefräst oder aufgekeilt.

Die Bohrwelle besitzt meist Innenkegel nach Morse, doch kommt auch metrischer Kegel vor, je nach Normung der Bohrerkegel (vgl. Zahlentafel 9, s. S. 26). Bis etwa 10 mm Bohrdurchmesser sind Bohrfutter mit zylindrischem Schaft gebräuchlich. Bekannte Bohrfutter sind:

Selbstzentrierendes Zwei- und Dreibackenbohrfutter, ferner Almond-, Flexo-, Goodell-, Jakobs-, Kupke-Futter (Abb. 23). Die Aufnahme des Bohrdrucks erfolgt meist im Gegendrucklager an der Bohrwelle, bei kleinen Maschinen auch durch einfache Druckkugeln hinter der Bohrwelle, die meist zentral zur Maschine liegt; neuerdings ist auch, um in Ecken bequem bohren zu können, seitliche Lage bei kleinen Typen gebräuchlich. (Amerika.)

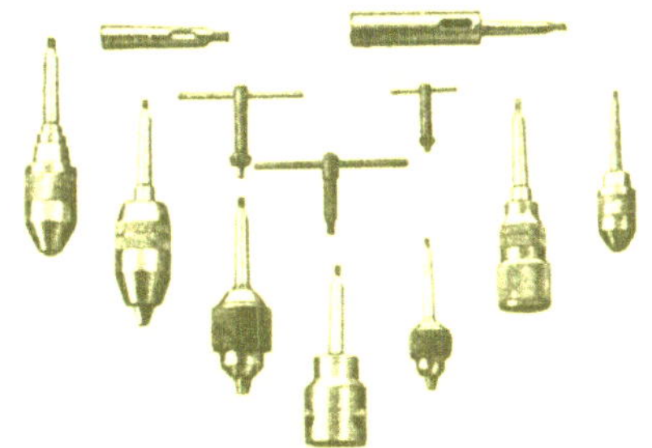

Abb. 23. Verschiedene gebräuchliche Bohrfutter und Übergangskegel.

Zur Lagerung sind Kugel- und Gleitlager üblich. Die Schmierung von Kugellagern, Gleitlagern und Getriebe erfolgt meist durch Staufferbüchsen mit konsistentem Fett.

Der Zusammenbau erfolgt durch Schrauben oder Durchgangsbolzen, Kollektorlager und Körper sind getrennt oder zu einem Ganzen verbunden, ebenso inneres und äußeres Zahnradlager, je nach Art der Konstruktion. Die gemeinsame Verwendbarkeit von Grundteilen, wie Motorgehäuse, Schalter und Wicklungen, für mehrere Typen wird allgemein angestrebt (vgl. Typenaufbau in Abb. 18 und 19).

Die Anbringung eines elektrischen Schalters an der Bohrmaschine selbst ist unerläßlich. Derselbe muß beim Holzbohren, Gewindeschneiden usw. auch für Rechts- und Linksgang der Maschine eingerichtet sein. Gewöhnlich erfolgt zwangsläufiges Stillsetzen der Maschine beim Umschalten durch einfache Sperrvorrichtungen. Zweckmäßig sind Schalteranordnungen, die die Maschine beim Loslassen durch Federkraft selbsttätig ausschalten.

d) Sicherheitsvorrichtungen.

Gegen das Entwinden von Maschinen aus der Hand des Arbeiters, z. B. bei Stößen oder Haken, gibt es Sicherheitsvorrichtungen auf mechanischer, elektrischer oder mechanisch-elektrischer Grundlage, doch sind sie häufig infolge der ihnen anhaftenden Nachteile wenig nützlich. Bei mechanischen Lösungen ergeben sich kleine Abmessungen und damit ungenaue Einstellung und zeitraubendes Nachstellen. Die elektrische Einstellung geschieht durch sogenannte Überstromschalter. An der Maschine ist die Anbringung derselben schwierig und empfindlich, getrennt von der Maschine wird sie umständlich und nicht entsprechend. Es gibt auch Überstromschalter und Automaten mit Zeitauslösung, damit bei kurzen Stromstößen nicht ein sofortiges Ausschalten erfolgt. Mechanisch-elektrische Konstruktionen sind empfindlich und teuer. Nötig sind Sicherheitsvorrichtungen bei Schraubeneinziehmaschinen (besonders für Schwellenschrauben), wo heftige Stöße aufzufangen sind. Ihre Ausführungsform ist dort gewöhnlich eine auf die Bohrmaschine aufgesetzte Lamellen-, Rutsch- oder Klauenkupplung (vgl. auch Seite 38 f.). Meistens leidet aber etwas das Sicherheitsgefühl bei der Bedienung der Maschine durch solche Vorrichtungen. Sie sind insbesondere entbehrlich bei kleineren Maschinen und auch bei größeren, die ja mit langen Rohrhandgriffen versehen werden und deren Benützung gewöhnlich mit Zuspannschrauben in Hilfsvorrichtungen, Bohrwinkeln, Wagengestellen oder aufgehängt erfolgt. Dies ist auch die einfachste Handhabung, durch die Betriebsunfälle vermieden werden.

e) Werkzeuge und Verwendungsgebiete.

1. Bohrer. Das für die Metallbearbeitung am meisten gebrauchte Werkzeug ist der Spiralbohrer, der 1863 von dem nach Deutschland übersiedelten Schweizer Joh. Martignoni erfunden wurde und vor dem der Spitzbohrer üblich war, doch sind auch folgende Bohrer gebräuchlich:

Flach- und Spitzbohrer: für Werkstoffe, die an der Grenze der Bearbeitbarkeit stehen, wie harter Stahl und dergleichen. Hierbei wird mit Terpentinöl oder Benzol gekühlt.

Kanonenbohrer: für tiefe Löcher mit ebenem Boden bei kleinen Vorschüben.

Bohrer mit geraden Nuten: sind im allgemeinen ziemlich unvorteilhaft und werden selten verwendet.

Spiralsenker oder Aufstecksenker: nach DIN 222, 343, 344, zum Aufbohren vorgebohrter oder vorgegossener Löcher, aber zum Bohren ins volle Material nicht geeignet.

Bei den Spiralbohrern sind Drall, Faserverlauf und Querschneide sowie der Hinterschleifwinkel zu beachten. Sie werden aus Werkzeugstahl für harte, aber nicht sehr zähe Werkstoffe und aus Schnellstahl für hohe Drehzahlen gefertigt.

Drall ist die Steigung der Spiralnuten, bezogen auf den Außendurchmesser (Spiralbohrerprüfeinrichtung nach Kurrein-Charlottenburg).

Beim Bohren sind die für den Werkstoff zulässigen Schnittgeschwindigkeiten (s. Zahlentafel 7, S. 25) möglichst einzuhalten.

Zu große Schnittgeschwindigkeit nützt die Schneidkanten vorzeitig ab. Bei richtiger Schnittgeschwindigkeit schneiden die Spiralbohrer besser und leichter. Bohren mit geringem Vorschub und hoher Schnittgeschwindigkeit ist großem Vorschub und langsamer Drehzahl vorzuziehen.

Anbei einige Winke für das Bohren:

Die Spiralbohrer dürfen nicht über den Auslauf ihrer Spiralen in den Werkstoff hineingetrieben werden, da sich sonst die Nuten durch Späne verstopfen und die Bohrer abbrechen.

Beim Bohren tiefer Löcher muß der Bohrer von Zeit zu Zeit zur Entfernung der Späne aus dem Bohrloch gezogen werden. Beim Bohren größerer Löcher ins Volle empfiehlt sich ein Vorbohren mit kleinem Spiralbohrer, und ein Aufbohren mit Spiralsenker. Nach Werkstatttechnik 1927, Heft 21, kann der Bohrdruck an vorgebohrten Löchern wesentlich geringer sein, so daß die Gefahr des Ausbrechens der Bohrerspitze wegfällt. Es empfiehlt sich daher allgemein bei Arbeiten mit Handbohrmaschinen, wo nicht durch Zuspannschraube angedrückt werden kann, ein kleineres Loch vorzubohren.

Anschleifen der Spiralbohrer: Die Spiralbohrer müssen rechtzeitig geschliffen werden, da die Abnützung bei häufigem Schleifen geringer ist als bei einmaligem, starkem Stumpfwerden, dabei sind beide Schneidekanten allmählich unter häufigem Umdrehen des Bohrers fertig zu schleifen. Bei Handanschliff des Bohrers werden leicht die Kanten ungleich lang oder mit ungleichen Winkeln angeschliffen. Nur mit völlig zentrisch und symmetrisch angeschliffenen Bohrern geben Handbohrmaschinen ihre Höchstleistung ab. Es gibt Schleifvorrichtungen, die an Schleifmaschinen angebracht werden können, außerdem besondere Spiralbohrerschleifmaschinen, deren Benutzung richtigen Anschliff gewährleistet. Der Winkel zwischen den beiden Schneidkanten soll bei weichem Werkstoff kleiner, bei hartem größer sein. Der Winkel der Querschneide zur Verbindungslinie der beiden Schneidkanten soll nach AWF (Ausschuß für wirtschaftliche Fertigung) etwa 55^0 betragen. Die Querschneide muß gerade und darf nicht gewölbt sein.

Handbohrmaschinen werden verwendet zum Bohren von Löchern bis etwa 80 mm Durchmesser in allen Arten von Werkstoffen.

2. Bohren in verschiedenen Werkstoffen. Zum Bohren in Gußeisen, Stahl werden Spiralbohrer mit normalem Drallwinkel β (Abb. 24) von etwa 26 bis 30^0 und einem Spitzenwinkel δ von 116 bis 118^0 verwendet. Es empfiehlt sich, zur Verkürzung der Querschneide die Bohrerspitze leicht anzuschleifen, doch müssen beide Teile gleichmäßig sein.

Bei Grauguß kommt kein Schmiermittel in Frage, bei Stahl, Öl, Terpentinöl, Seifenwasser, Benzol oder auch Fett.

Die üblichen Bohrleistungen in Stahl von 50 kg/mm² Festigkeit sind in Zahlentafel 9, S. 26, aufgeführt. Die Mehrleistung gegenüber dem Bohren von Hand mit Bohrknarre oder Bohrwinde beträgt etwa das 10 bis 25fache in der gleichen Zeit (vgl. Angaben von Iltis, Preßluftwerkzeuge). Die Wirtschaftlichkeit gegenüber Handarbeit liegt damit außer jedem Zweifel. Dazu kommt, daß bei Maschinenarbeit der Leistungsabfall durch Ermüdung annähernd wegfällt. Versuche, die Drescher und Klatt in der Elektrowoche, Mai 1922 veröffentlichen, ergaben, daß mit einer 6-mm-Handbohrmaschine 170 Löcher von 7,5 mm Tiefe in einer Stunde, während mit Handbohrwinde nur 27 Löcher in dieser Zeit gebohrt wurden. Dazu wurde bei der Bohrwinde bereits nach dem 10. Loch ein Nachlassen durch Ermüdung von etwa 75 vH festgestellt, trotzdem zwischen jedem 5. und 6. Loch eine Pause von 6 Minuten eingelegt wurde.

Zum Bohren in Aluminium, Duralumin, Elektron, Skleron und Kupfer sind möglichst hohe Drehzahlen auszusuchen. Benützt man die normalen

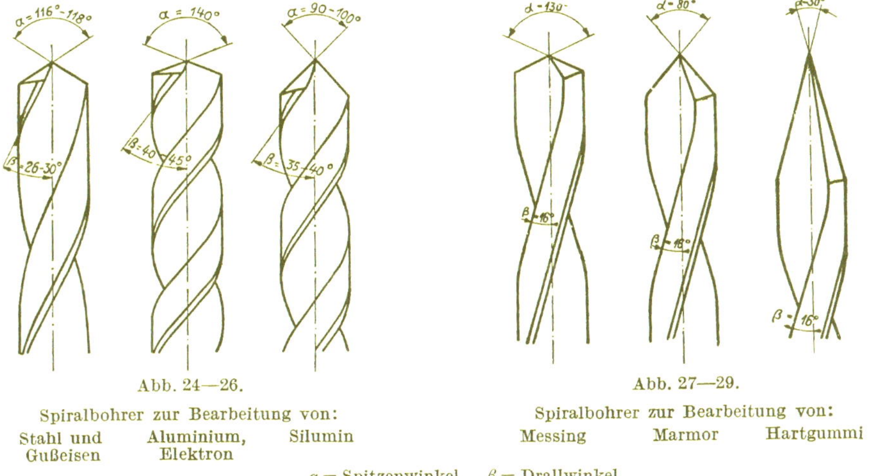

Abb. 24—26.
Spiralbohrer zur Bearbeitung von:
Stahl und Gußeisen — Aluminium, Elektron — Silumin

Abb. 27—29.
Spiralbohrer zur Bearbeitung von:
Messing — Marmor — Hartgummi

α = Spitzenwinkel β = Drallwinkel

für Eisenbohrungen bestimmten Handbohrmaschinen, so wird man je nach der Drehzahl in der Leistung den 1,3 bis 1,6fachen Eisenbohrdurchmesser wählen können. Hierfür gibt es besondere Spiralbohrer mit kurzem Drall von 40 bis 45° und mit Spitzenanschleifwinkel von etwa 140° (Abb. 25). Zur Kühlung kommt Seifenwasser oder Talg in Frage, nur bei Elektron fällt die Schmierung weg.

In Aluminium werden mit einer Kleinhandbohrmaschine zum Bohren eines 25 mm tiefen Loches von 10 mm Durchmesser etwa 9 bis 14 Sek. benötigt.

Zum Bohren in Silumin geht man bei Auswahl der Handbohrmaschine nicht über den Bohrdurchmesser in Eisen hinaus, da dieser Werkstoff außerordentlich zäh ist und zum Lappen neigt. Die Spiralbohrer erhalten einen Drall von 35 bis 40° und einen Spitzenwinkel von 90 bis 100°. Zur Kühlung kommt Wasser oder Seifenwasser in Betracht (Abb. 26).

Zum Bohren von Messing, Blech und Blechpaketen sind Bohrer mit langem Drall von etwa 160° zu wählen, bei einem Spitzenwinkel von 130° (Abb. 27).

Zum Marmorbohren empfehlen sich Sonderbohrer mit Spitzenwinkel von etwa 80° und Drall von 16° (Abb. 28). Es sind hierzu niedrige Drehzahlen erforderlich bei einer Schnittgeschwindigkeit von etwa 3 m/Min. (vgl. auch Tischbohrmaschinen).

Zum Bohren von Preßmaterial und Hartgummi gibt es Sonderbohrer mit Spitzenwinkel von nur 30° und Drallwinkel von etwa 16 bis 17°. Die Drehzahlen und Schnittgeschwindigkeiten sind etwas geringer als bei Leichtmetall (Abb. 29).

3. Holzbohren. Beim Bohren in Holz ergeben sich etwas andere Anforderungen als beim Bohren in Metall. Es sind dabei folgende Gesichtspunkte zu beachten:

Art und Beschaffenheit des Holzes,
Bohrtiefe,
Art des Bohrers und der Bohrung.

Allgemein unterscheidet man folgende drei Arten von Hölzern:

I. Harthölzer, wie: Buche, Ahorn, Ulme, Eiche, Esche, Nuß-, Apfel- und Birnbaum sowie die meisten ausländischen Hölzer.

II. Mittelharte Hölzer wie: Erle, Kiefer, Lärche, Birke.

III. Weichhölzer, wie: Tanne, Espe, Pappel, Fichte, Linde, Weide.

Der Kraftaufwand bei Hartholz ist etwa doppelt so groß wie der bei Weichholz.

Die Bohrtiefe wird deshalb ausschlaggebend, weil die Wandreibung unverhältnismäßig zunimmt. Außerdem wird sie durch Eigenart oder Feuchtigkeit des Holzes beeinflußt. Daher sind für tiefere Löcher besonders reichlich bemessene Bohrmaschinen zu wählen.

Die Einflüsse des Holzes und der Bohrtiefe führen zur Ausbildung sehr mannigfaltiger Bohrer; der Form nach wird zwischen Zentrum-, Schnecken-, Löffel-, Spiral-, Schlangen-, Schlitz-, Peripherie- und Fräsbohrern sowie Stemmern unterschieden.

Abb. 30. Schlangenbohrer nach Levin. Abb. 31. Schlangenbohrer nach Irvin. Abb. 32. Schlangenbohrer nach Douglas.

Zentrumbohrer eignen sich hauptsächlich für maschinelles Bohren auf feststehenden Maschinen in der Werkstatt, während für die Arbeiten des Zimmermanns entweder Spiralbohrer bei großen Durchmessern und geringer Tiefe oder die sogenannten Schlangenbohrer bei großen Bohrtiefen in Frage kommen. — Schlangenbohrer sind besonders in Verbindung mit elektrischen Handbohrmaschinen gebräuchlich und können in den Formen nach Levin, Irvin oder Douglas ausgeführt sein.

Der Levinbohrer (Abb. 30) ist dort am Platze, wo es sich darum handelt, dem Bohrer aus freier Hand eine zuverlässige Führung zu geben. Er hat eine sehr breit gehaltene Bohrerspiralfläche, die Wandreibung ist deshalb beträchtlich und die Spanabfuhr nicht sehr günstig. Der Irvin-Schlangenbohrer (Abb. 31) weist dagegen nahezu keine Wandreibung auf und belastet die Maschine deshalb weniger. Er setzt zum zentrischen und geraden Bohren aus freier Hand geschulte Arbeitskräfte voraus.

Am vorteilhaftesten und deshalb auch in den Betrieben am verbreitetsten sind die Douglas-Bohrer (Abb. 32). Sie vereinigen in sich geringe Wandreibung, und vorzügliche Spanabfuhr und ermöglichen dabei zentrisches Bohren aus freier Hand. Man wird also in diesem Fall die Douglasform bevorzugen, bei maschinell geführten Bohrern dagegen die Irvinform. Als Bohrerspitze kommt zweckmäßigerweise der Vorschneider mit Zentrumspitze in Betracht. Eine einwandfreie Schneide des Vorschneiders ist bei jedem Bohrer Bedingung und besonders beim Bohren in Weichholz zur Verhinderung sich ansetzender Späne wichtig. Die Bohrerspitze ohne Vorschneider in Kröllmesserform eignet sich besonders für Astlöcher und Hirnholz.

Im Gegensatz zum Bohren in Stahl, wo mit einem Vorschub von 0,1 bis 0,2 mm je Umdrehung gearbeitet wird, sind beim Holzbohren je nach Drall des Bohrers 0,5 bis 2,0 mm Vorschub je Umdrehung gebräuchlich. Da außerdem der Schnittwiderstand bei Holz geringer ist, so sind durchschnittlich etwas größere Schnittgeschwindigkeiten und Drehzahlen als bei Stahl zulässig. Nach den Angaben der Bohrerlieferanten bewegen sich diese Schnittgeschwindigkeiten bei Holz zwischen 25 und 50 m/Min. je nach der Holzart.

Die im Holz erzielten Bohrdurchmesser und Bohrtiefen lassen sich ins Verhältnis zu der jeweiligen Leistung in Eisen setzen, man kann für Douglasschlangenbohrer mit einiger Annäherung folgende Mehrwerte x gegenüber der Bohrleistung in Eisen ($= 1$) festlegen (Zahlentafel 10).

Zahlentafel 10.
Über Holzbohrdurchmesser.

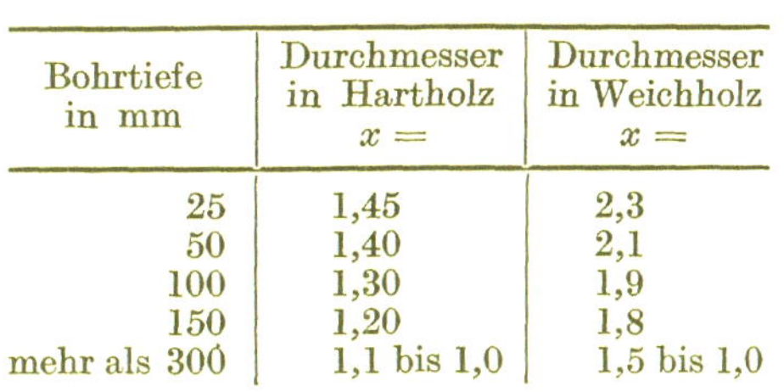

Bohrtiefe in mm	Durchmesser in Hartholz $x =$	Durchmesser in Weichholz $x =$
25	1,45	2,3
50	1,40	2,1
100	1,30	1,9
150	1,20	1,8
mehr als 300	1,1 bis 1,0	1,5 bis 1,0

Bei noch größeren Bohrtiefen wird man bis auf die Bohrleistung in Eisen heruntergehen oder eine noch geringere Leistung angeben. Diese Werte stellen eine untere Grenze der Leistungen dar, es lassen sich aber vorübergehend, entsprechend der Überlastbarkeit der Maschine, höhere Leistungen erzielen.

In Abb. 33 sind für eine Bohrtiefe von 100 mm die Werte für Hart- und Weichholz im Verhältnis zum Eisendurchmesser aufgetragen, so daß man direkt vom Eisendurchmesser auf den möglichen Holzdurchmesser schließen kann. Berücksichtigt man diese Gesichtspunkte nach den vorliegenden Aufstellungen, so dürfte es nicht schwer sein, an Hand derselben die richtigen Maschinen für Holzbohrungen zu wählen.

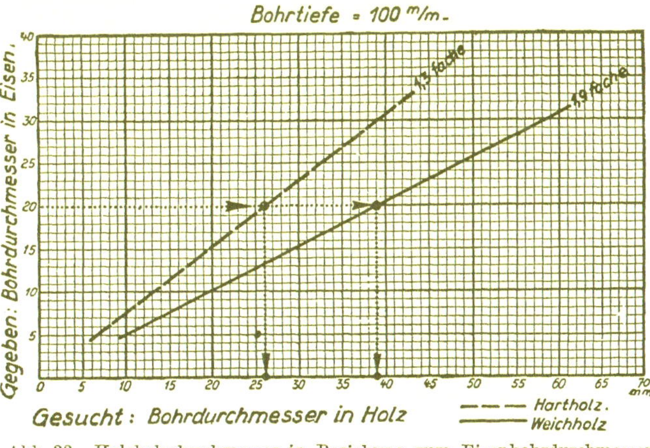

Abb. 33. Holzbohrdurchmesser in Beziehung zum Eisenbohrdurchmesser.

Außerdem sind noch besondere Hilfseinrichtungen für das Holzbohren vorzusehen, wie:

Drehrichtungsumschalter zum Zurückziehen des Bohrers, der Umschalter befindet sich meist am Griff der Handbohrmaschine und ist somit leicht erreichbar.

Verstellbare Tiefanschläge für Tiefbohrungen zum Einstellen der Lochtiefe (Abb. 36).

Dosenlibellen zum Beobachten der senkrechten und wagrechten Führung des Bohrers beim Bohren aus freier Hand (Abb. 36).

Holzbohrständer mit starkem Vorschub durch Zahnstange und Handkurbel zum Bohren von vielen und tiefen Löchern, wodurch die Gefahr eines Verlaufens des Bohrers, die beim Holzbohren besonders groß ist, erheblich verringert wird (Abb. 34).

An diese Gruppe von Vorrichtungen für bewegliche Handbohrmaschinen schließen sich dann noch die ortsfesten Tisch- und Säulen-Schnellbohrmaschinen an, deren Wahl sinngemäß unter Zugrundelegung der Kurven (Abb. 33) erfolgen kann; sie eignen sich wegen ihrer großen Durchzugskraft, ihres ruhigen Ganges und ihres genauen Arbeitens hauptsächlich für Reihenherstellung in Holzwaren- und Parkettbodenfabriken, im Orgel- und Instrumentenbau und in ähnlichen Betrieben.

Die Mehrleistung beim Holzbohren gegenüber der Arbeit mit Drillbohrer beträgt ein 8- bis 20faches, und zwar wird bei großem Bohrdurchmesser ein größerer Vorteil als bei kleinem erzielt. Es werden z. B. in 30 Sekunden

25 Löcher von 12 mm Durchmesser und 25 mm Tiefe mit der Maschine gegen 3 Löcher von Hand gebohrt (Abb. 35).

Zum Bohren von Bindern bei 20 mm Bohrdurchmesser braucht man mit einer

Abb. 34. Holzbohren aus freier Hand und im Bohrständer beim Bau von Dachbindern.

Maschine zu 125 mm Tiefe 8 bis 10 Sekunden und von Hand 150 bis 165 Sekunden (Abb. 36), also rund die 15 bis 20fache Zeit.

Nach Drescher & Klatt wurden beim Verbohren von Fensterflügeln (7 mm Bohrdurchmesser, 40 mm Bohrtiefe) durch elektrische Handbohrmaschinen 1900 Löcher/Std. gebohrt. Das Nachlassen durch Ermüdung, das nur bei der Brustleier auftrat, betrug nach dem 10. Loch etwa 25 vH.

Abb. 35. Vergleich zwischen Kleinhandbohrmaschine und Bohrwinde.

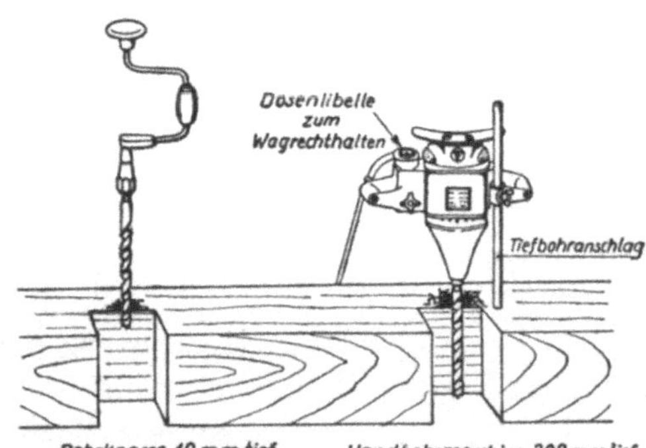

Abb. 36. Holzbohren.
In 30 Sek. etwa 25 Loch gegenüber 3 Loch.

Beim Bohren von Zimmermannslöchern auf dem Bauplatz (20 mm Bohrdurchmesser, 180 mm Bohrtiefe) betrug die Leistung 34 Loch/Std. mit Handschlangenbohrer, gegenüber 214 Loch/Std. mit Maschine. Die Arbeitsermüdung betrug schon nach dem 6. Loch etwa 30 v H. Als Anhalt für die Bohrzeiten bei verschiedenen Lochdurchmessern und Bohrtiefen mögen die in der folgenden Zahlentafel 11 angegebenen Versuche dienen. Soweit Universalmaschinen (bis 15 mm Bohrdurchmesser) benutzt wurden, sind die Versuche mit Einphasenwechselstrom durchgeführt, bei Gleichstrom würden die Leistungen also höher liegen.

Zahlentafel 11.
Über Holzbohrzeiten bei verschiedenen Lochdurchmessern und Bohrtiefen.

Es bedeuten: S = Spiralbohrer. I = Schlangenbohrer nach Irvin.
L = Schlangenbohrer nach Lewin. D = „ „ Douglas.

Handbohrmaschine für Eisenbohrmesser von mm	Abgegebene Wattleistung	Mittlere Drehzahl der Bohrspindel je Min.	Lochdurchmesser in Holz in mm	Lochtiefen in mm	Zeit in Sek.	Mittlere Leistung in mm/Min.
in Weichholz (Balken, Bauholz)						
2	60	5000	5 S	55	3,5—6,5	750
6	100	1000	10 S	65	4,5—6,5	750
10	100	400	16 L	65	8—11	420
13	160	350	16 L	110	7—9,5	750
			20 D	190	18—21	560
15	250	650	22 D	230	12—12,5	1100
			28 I	150	9,5—10	950
23	500	200	28 I	400	54—57	430
			40 I	400	60—63	390
			60 I	200	34—35	350
32	850	160	40 I	410	95	260
			60 I	300	95	300
in Hartholz (trockene Buche und Eiche)						
2	60	5000	4 S	42	9—11,5	250
6	100	1000	8 S	80	18—27	220
10	100	400	14 I	80	14—16	320
13	160	350	16 L	120	18—24	360
15	250	650	22 D	175	18—19	580
23	500	200	28 I	310	60—65	310
			40 I	150	26—27	340
32	850	160	40 I	325	135—145	150
			60 I	320	135—150	140

Schwellenbohren. Im Gleisbau ist die Verwendung elektrischer Handbohrmaschinen schon aus den Vorkriegsjahren bekannt. Das Bohren der Schwellen erfolgt dort auf zweierlei Arten: in der Tränkanstalt vor dem Imprägnieren oder durch die Bahnmeisterei auf der freien Strecke, wozu sich besonders die Handbohrmaschinen mit Umschalter und Tiefenanschlag eignen. Um die Löcher immer rechtwinklig zur abgedechselten Auflagefläche der Schienenunterlagplatten zu erhalten, und zur Erleichterung für die Arbeiter wird die Handbohrmaschine gewöhnlich in einem Bohrständer benutzt (Abb. 37). Der verstellbare Anschlag für Tiefbohrung gestattet auch ein Bohren der bereits gebetteten Schwellen, ohne daß die Bohrerspitze den Schottergrund berührt.

In Eichenholz bohrt ein Arbeiter als mittlere Leistung etwa 200 Löcher/Std., während von Hand höchstens 40 Löcher/Std. geleistet werden können.

4. Gesteinsdrehbohrmaschinen und schlagwettersichere Ausführung. Gesteinsdrehbohrmaschinen finden beim Bohren von Spreng-, Schremm- und Ankerlöchern, sowie zum Abteufen von Gesenken in weichem, mildem und mittelhartem Gestein, wie Kali, Steinsalz, Kohle, Mergel, Minette, Gips und dergleichen Verwendung, bei Drehzahlen der Bohrspindel von 60 bis 200 Umdrehungen und Vorschüben von 1 bis 2 mm je Umdrehung.

Die Maschinen müssen völlig gekapselt und geschlossen sein. Das Zuleitungskabel wird am besten unmittelbar an der Maschine angebracht, so daß Stecker

Abb. 37. Holzbohrständer zum Schwellenbohren in Benutzung.

und Kupplung von der Maschine getrennt sind (Abb. 38). Alle Teile müssen besonders kräftig bemessen und die Kabel durch mehrfache Umspinnung stark geschützt sein.

Bei kleineren Maschinen erfolgt das Bohren aus freier Hand mit seitlichen Haltegriffen und Brustplatte (Abb. 38), bei größeren Maschinen unter Zuhilfenahme einer Spannsäule mit maschinellem Vorschub.

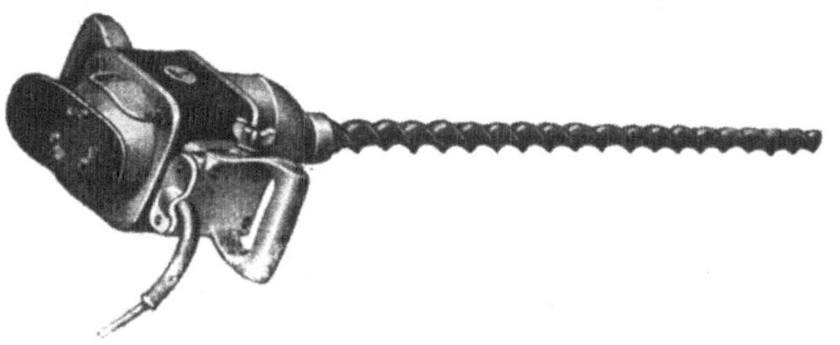

Abb. 38. Gesteinsdrehbohrmaschine mit Bohrer.

Als Gesteinsdrehbohrer kommen Schlangenbohrer mit angeschmiedeter Schneide oder mit abnehmbarer Schlangenbohrschneide in Betracht. Die Form der Schneiden muß der Härte des Gesteins angepaßt sein. Je weicher und brüchiger das Gestein ist, um so größer ist die Auskerbung zwischen den beiden Schneiden zu wählen. Die Stirnschneiden dürfen nicht verschränkt sein, sondern sie müssen in einer Linie liegen. Die Schneiden müssen gut hinterschnitten sein. Häufiges Auswechseln mit frisch geschliffenen Bohrerschneiden ist erforderlich. Die Bohrerschäfte sind zur Aufnahme im Bohrkopf entweder flach oder zylindrisch. Zum Rückziehen der Maschine ist im Bohrerschaft und im Zylinderschaft häufig ein bajonettartiger Mitnehmer angebracht. Die Schaftenden dürfen nicht gehärtet sein.

Als Anhalte für die Bohrleistung seien folgende Werte angeführt (nach Angaben von SSW und C. & E. Fein):

mit freier Handbohrmaschine in Gips	3,5 m Tiefe	in 1 Stunde
mit Spannsäule und selbsttätigem Vorschub in Steinsalz . .	10—13 m „	„ 1 „
mit Spansäule und selbsttätigem Vorschub in Kali	15—20 m „	„ 1 „

Die Maschinen samt Schalter, Stecker und Kupplungen müssen für Gesteinsbohrarbeiten staub- und feuchtigkeitsdicht gekapselt sein.

Die Kapselung für schlagwettersichere Ausführung, die bis jetzt noch wenig verbreitet ist, muß sogar gasdicht sein. Für solche schlagwettersichere Maschinen kommen nur Drehstrom-Kurzschlußmotoren mit getrennter, gasdicht gekapselter Schalter- und Steckeranordnung in Frage. Die Kabelverbindungen, d. h. Stecker und Kupplungen müssen besonders verriegelt sein, so daß die Kabeltrennung nur von Aufsichtsbeamten vorgenommen werden kann. Diese Schutzmaßnahmen sind nötig, da elektrische Funken, die betriebsmäßig oder durch Störungen auftreten können, zur Entzündung von Schlagwettern ausreichen.

Abb. 39. Auftreiben von Nietlöchern an einer Eisenkonstruktion.

Da jedoch bei Preßluftbetrieb mit Wirkungsgraden von nur 10 bis 20 vH gegenüber etwa 80 vH bei elektrischem Betrieb zu rechnen ist, so treten die Bestrebungen für Einführung der Elektrizität in schlagwettergefährlichen Gruben immer mehr zutage.

Die schlagwettersichere Ausführung der Maschinen erfordert eine Prüfung nach den Vorschriften der Berufsgenossenschaften und des VDE 1 (Errichtungsvorschriften für Starkstromanlagen § 41 in schlagwettergefährlichen Grubenräumen, sowie Regeln 2 Vorschriften für Schlagwetterschutzvorrichtungen). Die Prüfung von schlagwettersicheren Ausführungen wird in Deutschland auf einer Versuchsstrecke in Derne, Westfalen, vorgenommen, in England bei der Universität Sheffield, in Belgien beim Institut National des Mines.

Einen ausführlichen Überblick gibt die Rundschau in der Zeitschrift „Elektrizität im Bergbau“ 1928, Heft 7, S. 144.

5. Aufreiben. Zum Aufreiben vorgebohrter Löcher, insbesondere von Nietlöchern (Abb. 39) oder Ausreiben von Büchsen wählt man eine geringe Drehzahl. Die Reibahle wird entweder mit Kegel oder unter Zwischenschalten einer Gelenkkupplung auf die Maschine aufgesteckt. Die Maschinenreibahlen sind entweder geradnutig bei kleinem Durchmesser oder spiralnutig mit Linksdrall für große und kegelförmige Durchmesser. Der Vorschubdruck ist gering, und es ist zu beachten, daß die Reibahle nicht verläuft. Aufreibearbeiten mit stark konischer Reibahle strengen die Maschine sehr an, weshalb Reibahlen mit einer größeren Anzahl von Schneidkanten, also z. B. statt 5 mit 7 Schneiden für Handbohr-

Abb. 40. Rohreinwalzen mit Gelenkwelle.

maschinen zu empfehlen sind. Da meist normale Handbohrmaschinen zur Verwendung kommen, so ist der Aufreibedurchmesser stets geringer als der Bohrdurchmesser zu wählen, je nach Art der Aufreibearbeit, im allgemeinen um 20 bis 30 vH kleiner als der Bohrdurchmesser in Eisen.

6. Einwalzen von Rauch- und Siederohren. Zum Einwalzen von Rauch- und Siederohren verwendet man Drehzahlen von 30 bis 70 Umdr./Min.; es werden hierfür Maschinen mit dreifachem Vorgelege und kräftigem Bohrkopf gebaut. Schalter und Umkehrschalter werden häufig von der Maschine getrennt. Die Verzahnungen sind besonders stark zu halten. Zum Einwalzen gibt es verschiedene Rollenwerkzeuge, vielfach eigene Werkskonstruktionen. Die Werkzeuge werden durch Zwischenschaltung von Gelenkwellen und Kupplungen betätigt (Abb. 40). Infolge der starken Beanspruchung empfiehlt es sich, die Dorne und Rollen in mehrfacher Ausführung bereit zu halten. Während des Aufwalzens sind die Werkzeuge immer

Abb. 41. Gewindeschneiden mit niederer Drehzahl.

reichlich zu ölen und nach Gebrauch zu reinigen. Es ist zweckmäßig, die Rohre vor dem Einwalzen auszuglühen, damit das Material weicher wird.

7. Gewindeschneiden. Das Gewindeschneiden erfolgt ebenfalls bei niedrigen Drehzahlen, entweder mit einer Handbohrmaschine (Abb. 41) oder unter Zwischenschaltung einer Gelenk- oder selbsttätigen Umschaltkupplung. Die Reibung läßt sich dabei häufig durch Federn einstellen. Kupplungen werden entweder auf die Maschine durch Kegel aufgesteckt (Flexo) oder im Bohrkopf der Maschine

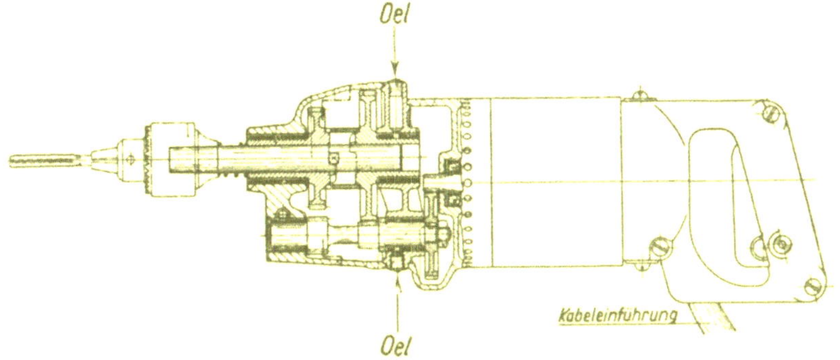

Abb. 42. Elektrogewindeschneider im Schnitt.

eingebaut (Abb. 42), und zwar derart, daß beim Andrücken (Abb. 43) der Maschine der Gewindebohrer mit einer langsamen Drehzahl nach rechts läuft, während er beim Zurückziehen in entgegengesetzter Richtung mit einer höheren Drehzahl (etwa der Doppelten) umläuft. Zur Schonung der Gewindebohrer beim Gewindeschneiden empfiehlt es sich, das Schneidwerkzeug abwechslungsweise anzudrücken und wieder zurückzuziehen, damit die Späne leicht ausgeworfen werden.

Man unterscheidet Gewindebohrer für Grundlöcher, bei denen Vor- und Mittelschneider zylindrisch überdreht sind, und solche für durchgehende Löcher, bei denen Vor- und Nachschneider kegelig überdreht sind. Beim Ansetzen ist auf gleiche Richtung der Bohrerachse mit der Loch- oder Bolzenachse zu achten. Werkzeug oder Werkstück sollen möglichst nach-

Abb. 43. Elektrogewindeschneider beim Schneiden von Sacklöchern.

giebig eingespannt werden. Beim maschinellen Gewindeschneiden ist reichliche Schmierung besonders notwendig, und zwar um so mehr, je zäher oder fester der Werkstoff.

Als Schmiermittel kommen in Frage:

Für Flußeisen und Messing: Seifenwasser oder Bohröl in Wasser gelöst.

Für Stahl: Rüböl.
Für sehr zähe legierte Konstruktionsstähle: Benzin, Benzol, Terpentin.
Für Gußeisen: Petroleum.
Für Aluminium: Spiritus, Petroleum mit Rüböl gemischt, Schnittgeschwindigkeit 10 m/Min.
Für Elektron: Keine Schmierung.
Bemerkung: Mineralöl ist für die Schmierung untauglich und gibt unsaubere, zerrissene Gewinde.

Über die Leistung eines solchen Elektrogewindeschneiders im Vergleich zu Handarbeit mit Schneideisen und Schneidkluppe gibt die nachstehende Zahlentafel 12 Aufschluß.

Zahlentafel 12. Gewindeschneidversuche mit einem Durchschneider in Stahl von 50 kg/mm² Festigkeit und von 16 mm Stärke, Versuchsspannung 115 Volt: Mittelwert M (beigesetzt).

Gewinde in Zoll	Vorgebohrter Loch-dmr. in mm	Anzahl der Versuche	Handzeiten vorwärts Sek.	Handzeiten rückwärts Sek.	Handzeiten gesamt Sek.	Maschinenzeiten vorwärts Sek.	Maschinenzeiten rückwärts Sek.	Maschinenzeiten gesamt Sek.	Mehrleistung der Maschine
$^1/_4$	5,2	7	43—100	12—15	55—113 (M 78)	16—25	2—4	18—29 (M 25)	3,1
$^5/_{16}$	6,5	5	50—130	10—18	61—148 (M 106)	9—10	3—3,5	12—13 (M 12,6)	8,4
$^3/_8$	8,0	7	43— 52	16—23	59—77 (M 68)	9,5—13	3—4	12,5—17 (M 13,7)	5,0

Es zeigt sich dabei, daß die Mehrleistung bei größeren Lochdurchmessern günstiger als bei kleinen Lochdurchmessern ist. Es rührt dies daher, daß man bei kleinen Lochdurchmessern wegen des Abbrechens der dünnen Gewindebohrer mit der Maschine vorsichtig und langsam zu Werke gehen muß. Weiter geht aus der Zahlentafel hervor, daß die Maschine bei $^3/_8$″ bereits etwas angestrengt erscheint, weshalb bei diesem Durchmesser die Mehrleistung gegenüber $^5/_{16}$″ schon wieder zurückgeht. Im allgemeinen wird man bei elektrischen Gewindeschneidmaschinen eine 3- bis 8fache Mehrleistung gegenüber der Handarbeit erzielen können.

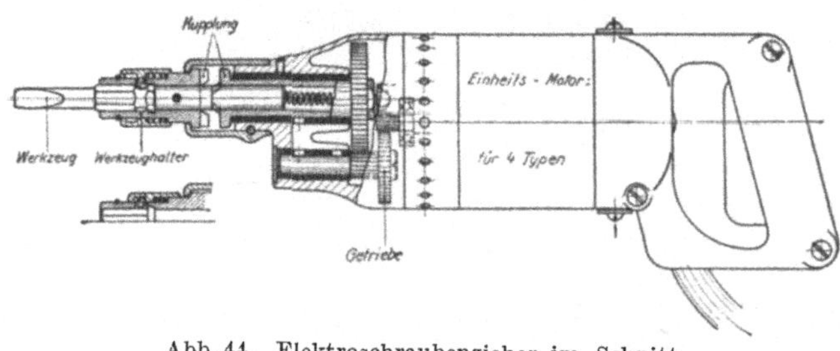

Abb. 44. Elektroschraubenzieher im Schnitt.

8. Einziehen von Schrauben, Muttern, Stehbolzen und Schwellenschrauben. Zum Einziehen von Schrauben, Muttern und Stehbolzen bis etwa $^1/_2$″ gibt es Elektro-Schraubenzieher, die vor dem Rädervorgelege noch eine Klauen-, Lamellen- oder sonstige Rutschkupplung besitzen (Abb. 44). Die Werkzeuge sind als Spindeleinsätze des Bohrkopfes für Zylinderkopf-, Halbrundkopf-, Senkkopf-, Vierkant- oder Sechskantschrauben ausgebildet und können auch im Stillstand bei laufendem Motor auf den Schraubenkopf aufgesetzt werden. Beim Andrücken klinkt die Kupplung ein, und die Schraube wird eingezogen. Beim Festsitzen der Schraube klinkt die Kupplung selbsttätig aus. Zur Aufhebung des Eigengewichts werden die Schraubenzieher, hauptsächlich bei Fließarbeit, über den Arbeitsplätzen an Feder-, Rollenzügen oder Gegengewichten aufgehängt, so daß sie jederzeit gewichtslos greifbar sind (Abb. 45). Das Einziehen von Sechskantschrauben geht sehr leicht, während das der Schlitzschrauben einige Übung verlangt.

Die Leistungen solcher Elektroschraubenzieher sind in der folgenden Zahlentafel 13 enthalten. Bei Sechskantschrauben erzielt man eine 3 bis 6,5fache Leistung gegenüber Handarbeit, bei Holzschrauben eine 2 bis 7fache.

Zahlentafel 13. Schraubeneinziehen von Hand mit Schraubenwinde und Schlüssel im Vergleich zu zwei verschieden großen Elektroschraubenziehern.

Werkstoff, in den die Schraube eingezogen wird	Schraubenmaße		Eindrehzeit von Hand		Eindrehzeit mit Elektroschraubenzieher Motorleistung mit	
	Gewinde-Dmr.	Länge mm	mit Schlüssel oder Schraubenzieher Sek.	mit Steckschlüssel oder Winde Sek.	100 Watt Sek.	160 Watt Sek.
			Sechskantschrauben			
Stahl v. 50 kg/mm² Festigkeit	5/16″	24	22—59	7—13	2	2
	3/8″	24	28—42	7—13	2,5	2
	7/16″	24	17—48	12	—	2
		Holzschrauben mit versenktem Kopf				
Hartholz unvorgebohrt . . .	5,5 mm	45	geht nicht	10—12 nicht fest	3,5—4	3
Hartholz 3,9 mm vorgebohrt	5,5 „	45	33	7—12	3	2,5
Hartholz unvorgebohrt . . .	6,5 „	65	geht nicht	geht nicht	5,7	3—4
Hartholz 4,9 mm vorgebohrt	6,5 „	65	65—73	12—16	5	3—4
Hartholz unvorgebohrt . . .	7 „	80	geht nicht	geht nicht	—	5—6
Hartholz 5,5 mm vorgebohrt	7 „	80	75 nicht fest	15—25	—	3,5—5
Weichholz unvorgebohrt . .	8 „	90	72—95	10—13	5,5—8	4,5—5

Für größere Gewinde als ½″ kommen Handbohrmaschinen mit besonders kräftigen Verzahnungen und Schalterteilen zur Anwendung, wobei vor den Bohrkopf noch eine Rutschkupplung oder in die Zuleitung ein elektrischer Überlastungsautomat eingebaut wird.

Abb. 45. Elektroschraubenzieher und Kleinhandbohrmaschinen bei Fließmontage am Gewichtsausgleich.

Gleisbau: Solche Hochleistungsschraubenzieher sind z. B. die Schwellenschraubeneinziehmaschinen mit vier Handgriffen oder Sonderaufhängung zur Aufnahme des Drehmoments beim Festsitzen der Schraube. Sie dienen zum Anziehen und Festziehen der Schwellenschrauben auf der freien Strecke oder an einer Zentralstelle und zum Lösen und Ausdrehen stark angerosteter Schrauben aus alten Schwellen. Ursprünglich wurden hierzu normale Handbohrmaschinen verwendet, doch sind diese der stoßweisen Belastung auf die Dauer nicht gewachsen. Es werden deshalb zum Schraubenziehen verstellbare Kupplungen zwischen Werkzeug und Bohrkopf (meist in den Steckschlüssel) eingebaut, die im Augenblick des Festsitzens der Schwellenschraube die Verbindung zwischen Maschinenspindel und Steckschlüssel lösen (Abb. 46). Die Auslösung der Kupplung kann bei einzelnen Ausführungen je nach dem Widerstand des Holzes u. dgl. eingestellt werden. In letzter Zeit sind jedoch vielfach auch elektrisch selbsttätige Auslösevorrichtungen üblich geworden, es wird sogar die mechanische Auslösung mit der elektrischen verbunden. Wenn die Schienenunterlagplatten auf einer Zentralstelle angebracht werden, so dürfen die Schwellenschrauben nur so weit eingedreht werden, daß die Platten noch seitlich zu bewegen sind. In diesem Falle läßt man den Schwellenkopf etwa 5 bis 10 mm zur Unterlagplatte überstehen. Auf der Strecke werden sie dann völlig angezogen. Was die mittlere Leistung betrifft, so kann man mit einer elektrischen Schwellenschraubeneindrehmaschine etwa 150 Schwellenschrauben je Stunde in Eichenholzschwellen mit 2 Mann einziehen, während 2 Mann

Abb. 46. Überlastungskupplung am Steckschlüssel.

Abb. 47. Einziehen von Schwellenschrauben auf der freien Strecke, Antrieb durch Benzindynamo.

am Tirefondschlüssel hierzu rund 5 Stunden benötigen, woraus sich eine fünffache Mehrleistung mit der Maschine ergibt (Abb. 47). Dieselbe Arbeitssteigerung ergibt sich beim Abplatten der alten Schwellen, wo die elektrische Maschine das Herausziehen der rostigen Schrauben ohne jedes Vorlockern oder Anschlagen allein bewältigt.

9. Abschleifen von Ventilsitzen und Ventileinschleifmaschinen. Das Abfräsen und Abschleifen bis 0,1 oder 0,2 mm tief ausgelaufener oder ausgebrannter Ventilsitze in Reparaturwerkstätten geschieht dadurch, daß man auf Kleinhandbohrmaschinen mit etwa 1000 bis 1500 Umdrehungen, die schon für andere Arbeiten benutzt werden, Fräser mit eingesetzten Messern oder Profilscheiben aufsetzt, die der Steigung des Ventilsitzes angepaßt sind und eine entsprechend feine Körnung aufweisen. Sie werden wie in Abb. 48 zur Arbeit senkrecht aufgesetzt.

Um ein Verkanten des Fräsers zu vermeiden, werden Zapfen als Führungspiloten vor dem Fräser in die Ventilführungsbüchse eingeführt. Zum Reinigen der verbrannten Ventile, Ventilsitze und Ventilführungen von Ruß und Ölkohle dienen Draht- und Entrußungsbürsten.

Das Einschleifen der Ventile selbst dagegen wird mit einer hin- und hergehenden Bewegung von Hand vorgenommen und ist mühselig und zeitraubend. Durch eine umlaufende Bewegung läßt sich diese Arbeit nicht mit derselben Wirkung und Genauigkeit vornehmen, wie dies durch eine fortschreitende, hin- und hergehende Bewegung geschieht. Es werden nun neuerdings Ventileinschleifmaschinen nach Art der Kleinhandbohrmaschinen gebaut mit einer an der Spindel hin- und hergehenden Bewegung. Im Bohrkopf befindet sich ein Umkehrgetriebe, das die Arbeitsspindel in diese Bewegung versetzt (Abb. 49). Dabei ist von Wichtigkeit, daß der Ausschlagwinkel der hin- und hergehenden Bewegung möglichst groß ist.

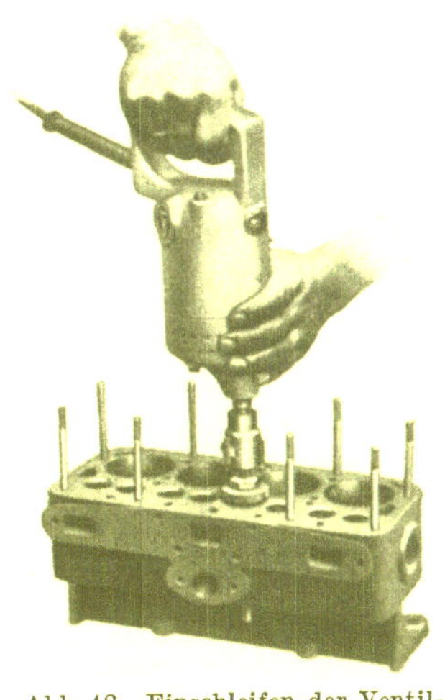

Abb. 48. Einschleifen der Ventilsitze mit Profilscheibe.

Bei Elektroventileinschleifmaschinen beträgt der Ausschlag etwa 90°, während durch leichtes Drehen der Maschine von Hand oder bei schwereren Ausführungen durch selbsttätiges Wandern der Bohrspindel ein weiteres Fortschreiten von etwa 30° erzielt wird. Es gibt auch Ausführungen, die auf die umlaufende Arbeitsspindel einer Handbohrmaschine wie ein Bohrfutter aufgesetzt werden können, die aber nur einen Ausschlag von etwa 45° aufweisen.

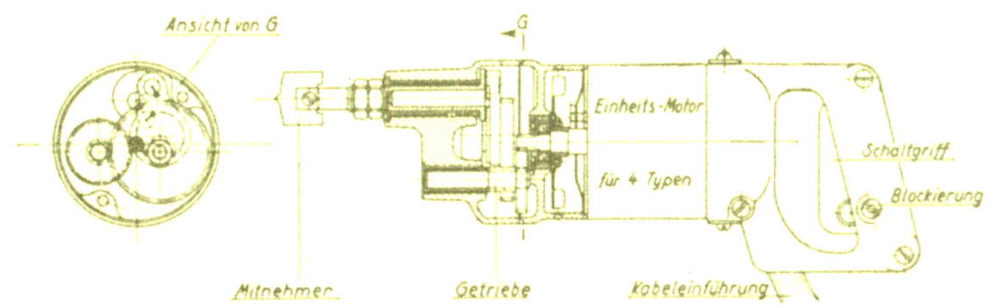

Abb. 49. Ventileinschleifmaschine im Schnitt.

Infolge der im Vergleich zur Handarbeit sehr hohen Zahl von etwa 400 Schwingungen je Minute wird ein um 3 bis 4mal schnelleres Einschleifen als von Hand mit der Maschine erreicht. Das Einschleifen von Hand erfordert je nach Beschädigung der Ventilflächen etwa 20 bis 30 Min., das Einschleifen mit der Maschine etwa 5 bis 10 Min., wobei die Einlaßventile rascher eingeschliffen werden können als die Auslaßventile. Der Mitnehmer des Ventiltellers (Abb. 50) ist nach Art des in Betracht kommenden Ventils nachzuschleifen, er wird zum Arbeiten wie ein Schraubenzieher auf die Einkerbung des Ventils aufgesetzt. Die Ventilteller schwanken im Durchschnitt zwischen 50 bis 60 mm. Der Zeitaufwand bei verschieden großen Durchmessern ist ziemlich gleich. Zum Einschleifen findet feiner Schmirgelstaub mit Öl Verwendung.

10. Weitere Verwendungsarten. Die Handbohrmaschinen werden weiter in Verbindung mit all den Werkzeugen verwendet, die sich in ein Bohrfutter einspannen lassen. Hierher gehören alle Arten von Fräsern, Raspeln und Feilen in kugeliger, zylindrischer oder Fingerform, weiter Schleif-, Polier- und Schwabbelscheiben, Drahtbürsten, Polierhölzer u. dgl. Solche Werkzeuge werden für Autowerkstätten, Vulkanisieranstalten, Bastler oder für sonstige Sonderzwecke zusammengestellt (Abb. 51). Die untenstehenden Abb. 52 bis 55 beleuchten die Arbeiten mit derartigen Werkzeugen. Aus den Bildunterschriften sind die einzelnen Verwendungszwecke ersichtlich.

Abb. 50. Einschleifen von Ventiltellern.

Zwecks weiterer Ausnutzung können die Kleinhandbohrmaschinen auch ortsfest auf einem kleinen Fuß mit Gurt und Flügelmutter befestigt werden (Abb. 51 und 54). Durch Benutzung eines Vierkantschaftes mit Gurt ist ein Einspannen auf dem Support einer Werkzeugmaschine zur Verrichtung behelfsmäßiger Schleif- und Polierarbeiten möglich. Ab und zu wird die Anschlußmöglichkeit einer biegsamen Welle an dem freien Ende des Antriebsmotors gewünscht. Es ist jedoch besser, hierzu Spezialmotore zu verwenden, denn zu vielseitige Anwendung einer Maschine ist nicht gut, weil dadurch irgendein Teil ungenügend oder mangelhaft gebaut oder überlastet wird und die verschiedenen Anwendungsmöglichkeiten doch nie voll ausgenutzt werden.

Abb. 51. Zusammenstellung für Autoreparaturwerkstätten.

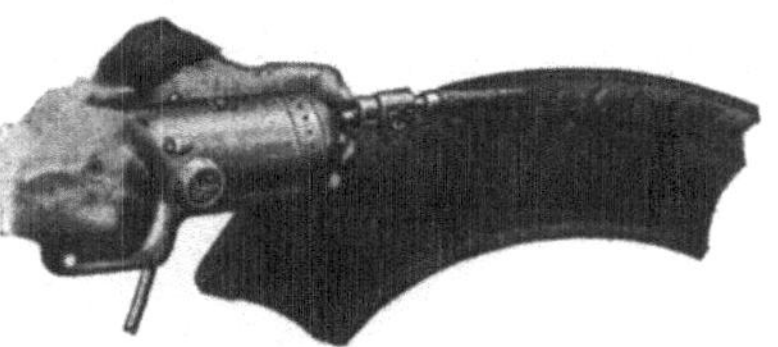

Abb. 52. Verputzen einer Lauffläche mit fingerförmiger Raspel.

Zum Einzel- oder Sonderantrieb werden die Handbohrmaschinen in Landwirtschaft, Textilindustrie, Laboratorium usw. in Ausnützung ihrer niederen Drehzahlen als einfache und billige Vorgelegemotoren herangezogen.

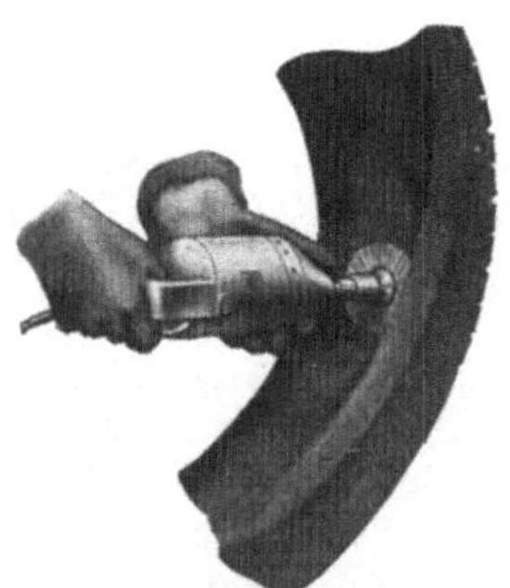

Abb. 53. Verputzen einer Lauffläche vor dem Vulkanisieren.

Abb. 54. Aufrauhen eines Luftschlauchs mit Stahldrahtbürste.

Die Handbohrmaschinen bis etwa 23 mm Bohrdurchmesser können auch als Tischbohrmaschinen Verwendung finden, wobei ihre Befestigung durch Flansch, Gelenkhebel oder Bügel über Bohrtischen in besonderen Tischbohrständern erfolgt (Abb. 55 und 56). Hierbei wird entweder die Bohrplatte gegen die Maschine oder die Maschine gegen die Bohrplatte bewegt.

Diese doppelte Ausnutzungsmöglichkeit der Handbohrmaschine wird von kleinen Betrieben, die nicht in der Lage sind, sich mehrere Maschinen anzuschaffen,

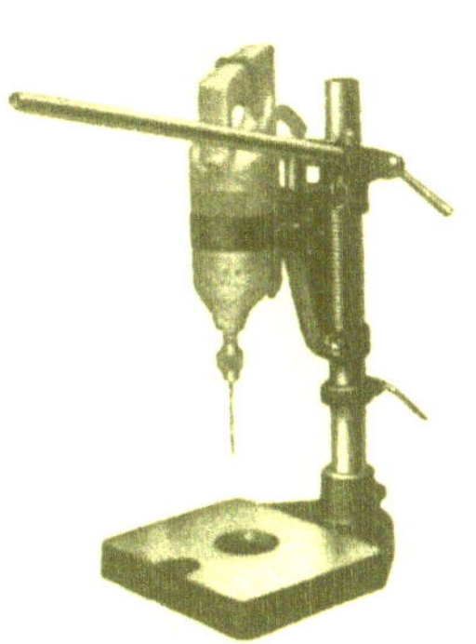

Abb. 55. Kleinhandbohrmaschine im Tischbohrständer.

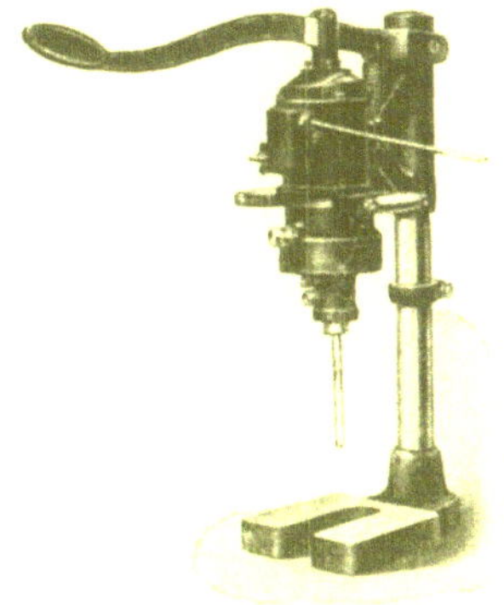

Abb. 56. Handbohrmaschine mit 3 Geschwindigkeiten auf Bohrständer.

bevorzugt, besonders da auch die Ausladung und Genauigkeit für solche Betriebe ausreicht.

(Die Handbohrmaschine kann in den Arbeitspausen an diesen Tischbohrständern aufbewahrt werden; vgl. Tisch- und Säulenbohrmaschinen S. 43f.)

C. Tisch- und Säulenbohrmaschinen.

Zu den Elektrowerkzeugen gehören auch bewegliche oder leicht umstellbare Tisch- und Säulenbohrmaschinen bis zu etwa 23 mm Bohrdurchmesser und Kegel II mit ein- oder angebautem Elektromotor. Das Gewicht spielt hierbei keine so große Rolle wie bei Handbohrmaschinen. Es ist zur Erzielung eines erschütterungsfreien Arbeitens teilweise sogar erwünscht. Deshalb werden Gestelle und Bohrtische aus Grauguß ausgeführt. Maschinen für Bohrdurchmesser über 23 mm können nicht mehr als ortsbeweglich gelten.

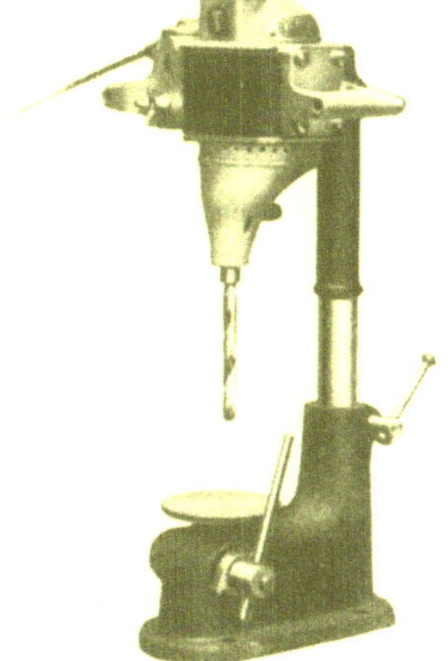

Abb. 57. Handbohrmaschine auf Bohrtisch, Bohrtisch beweglich.

Man unterscheidet drei Ausführungsarten: Maschine mit direkt aufgesetztem Motor, wobei die Kraftübertragung auf die Bohrspindel unmittelbar von der Motorwelle aus erfolgt. Diese Ausführung ist am wirtschaftlichsten und für kleine Bohrungen in Eisen oder für hohe Drehzahlen beim Fräsen und Bohren in Holz und Weichmetalle, wie Aluminium, Silumin, Elektron u. dgl. (bis zu 6000 Umdrehungen je Minute) bestimmt.

Maschine mit Motor, der die Bohrspindel über ein Vorgelege antreibt und senkrecht über der Bohrspindel eingebaut ist, oder eine Handbohrmaschine, die an ein Bohrgestell angeflanscht ist (Abb. 55, 56 und 57). Diese Ausführungsart dient zum Bohren von Löchern mittleren Durchmessers bei mittleren, niederen oder ganz niederen Drehzahlen, etwa für Marmorbohren u. dgl.). Sie bietet gleichzeitig die Möglichkeit, eine Handbohrmaschine als Tischbohrmaschine auszunützen.

Maschine mit Motor, der die Bohrspindel durch Riemen mit Stufenscheibe antreibt und der am Kopf (Abb. 58), Fuß (Abb. 59) oder auch unter dem Fuß des Bohrgestells untergebracht ist. Als Zwischenglied können Stirnräder, auch Kegel- oder Schneckenräder Verwendung finden. Die Ausführung mit Riemenantrieb ist die gebräuchlichste und beste, weil am wenigsten Erschütterungen auftreten und mehrere Geschwindigkeiten nach Bedarf gewählt werden können.

Abb. 58. Schnellbohrmaschine für Leichtmetall, 10000 Umdr./Min., Motor am Kopf.

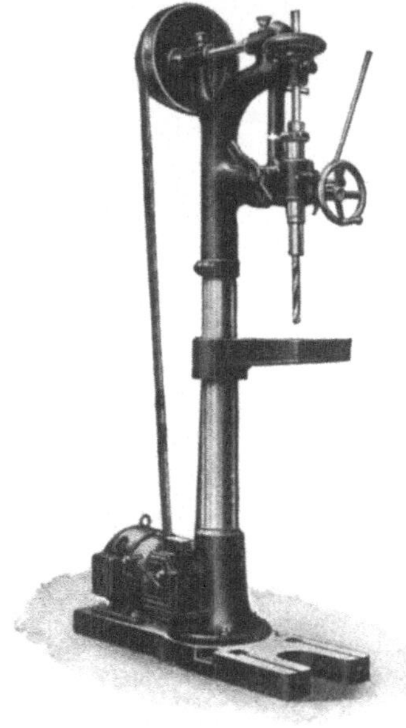

Abb. 59. Säulenbohrmaschine, Motor am Fuß.

Die Bohrspindel kann eine genügend lange Führung erhalten und ist, weil viel beweglicher, auch in der Bedienung viel feinfühliger und genauer. Auch die Einstellung eines Tiefenanschlages ist leicht vorzunehmen. Selbsttätiger Vorschub wird selten vorgesehen. Die Fußplatte wird möglichst nach hinten verlegt, damit die Maschine auch zum Bohren großer Arbeitsstücke, wie Radkränze, benutzt werden kann. Zur Vermeidung von Stößen sind Riemenverbindungen möglichst glatt zu halten. Die Säule des Bohrständers besitzt runden oder ovalen Querschnitt und wird ab und zu noch durch Verstrebungen verstärkt[1].

Die Schalter sind bei allen drei Arten immer an den Motoren in nächster Nähe der Bohrspindel leicht greifbar angeordnet, bei größeren Maschinen sind sie auch als Fußhebelanlasser ausgebildet (Abb. 59).

Abb. 60. Drehbarer Bohrtisch mit Schraubstock.

Abb. 61. Bohrtisch mit Spannbacken.

Bei unmittelbar aufgesetztem Motor wird entweder Bohrtischplatte gegen Bohrspindel (Abb. 57) oder umgekehrt Bohrspindel gegen Bohrtisch (Abb. 55/56 und 58) bewegt. Letztere Anordnung hat den Vorzug besserer Führung. Bei Riementrieb ist der Bohrtisch meist seitlich und in der Höhe verstellbar, während die eigentliche Arbeitsbewegung nur durch die Bohrspindel ausgeführt wird. Durch Umdrehen des Bohrtisches

[1] Auch diese Ausführungsart wird mit hohen Drehzahlen bis etwa 12000 Umdr./Min. für Weichmetalle gebaut (Abb. 58).

und Einsetzen von Spannbacken (Abb. 60 und 61) können die Maschinen vielseitig verwendet werden. Zuweilen wird der Fuß des Bohrgestells gabelförmig (Abb. 56 und 59) ausgebildet, so daß mit der ganzen Maschine auf der Arbeitsplatte (z. B. beim Marmorbohren) verfahren werden kann, während der Bohrer zwischen dem Gabelfuß durchgeführt wird.

Bei Antriebsarten mit Vorgelege oder Riementrieb können auch Universal- (Serien-) Motoren für Gleich- und Einphasenwechselstrom verwendet werden, da ein Durchgehen nicht zu befürchten ist, weil immer genügende Belastung durch Vorgelege oder Riemen vorhanden ist.

Der Unterschied zwischen Tisch- und Säulenbohrmaschine besteht darin, daß die Tischbohrmaschine eine so kurze Säule besitzt, daß sie auf einen Arbeitstisch oder Arbeitssockel aufgesetzt werden kann und dadurch weniger Platz beansprucht (Abb. 55 bis 58). Die Säulenbohrmaschine wird dagegen auf dem Boden fundamentiert und besitzt eine hohe Säule (Abb. 59 und 62), wodurch auch an großen Arbeitsstücken gebohrt werden kann. In die Bohrspindeln werden als Werkzeuge außer den Bohrern auch Fräser, rotierende Feilen und Raspeln oder Bürsten für besondere Arbeiten eingespannt. Die Tischbohrmaschinen finden häufig auch als Wandbohrmaschinen Verwendung.

Abb. 62. Säulenschnellbohrmaschine, Motor am Kopf.

D. Schleifmaschinen.

a) Aufbau.

Die Elektro-Schleifmaschinen zerfallen in 3 Gruppen:

I. Handschleifmaschinen,
II. Support-Schleifmaschinen,
III. Bank- und Ständerschleifmaschinen.

Die Forderungen an eine Schleifmaschine sind:

1. Vollkommen staubdichter Abschluß des Motors und der Lagerung,
2. ruhiger, völlig ausgeglichener Lauf der Schleifscheibenwelle,
3. gute Ausnutzungsmöglichkeit der Schleifscheibe,
4. genügende Sicherheit gegen Zerplatzen sowie unvorsichtige Berührung der Schleifscheibe.

Da bei den Schleifmaschinen die Motorwelle fast durchweg zur Aufnahme der Schleifscheibe dient, so ist die natürliche Drehzahl des Motors für die Wahl der Schleifscheibendurchmesser und die Konstruktion des Motors für die ganze Maschine ausschlaggebend. Eine Übersetzung kommt nicht in Frage, da mit Zahnrädern ein ruhiger Lauf der Schleifscheibe nicht zu erzielen ist. Es kommen daher nur Motoren mit konstanter Drehzahl (vgl. Zahlentafel 3, S. 8 und 9) über Stromarten: Gleichstromnebenschlußwicklung, Drehstromkurzschluß- und Einphasenkurzschlußmotor mit Hilfsphase) in Betracht, also niemals Hauptstrom- oder Universalmotoren, da bei diesen im Leerlauf die zulässige Umfangsgeschwindigkeit für Schleifscheiben überschritten würde, so daß die Scheiben auseinanderfliegen könnten.

Für die Motorleistung ist Drehzahl und Scheibendurchmesser maßgebend, wobei nach den VDE-Vorschriften eine Umfangsgeschwindigkeit von 25 m/Sek.

bei Zuführung des Arbeitsstücks von Hand, bzw. 35 m/Sek. bei mechanischer Zuführung desselben (Support) für Scheiben vegetabilischer oder keramischer Bindung (vgl. Abschnitt über Schleifscheiben s. S. 47) zugrunde gelegt wird. Die durch den Motor gegebene Drehzahl liegt bei 3000 Umdr./Min. für kleinere, bzw. bei 1500 für größere Schleifscheibendurchmesser. Eine Ausnahme bilden Maschinen, bei denen die Schleifscheiben nicht auf der Motorwelle, sondern auf einer besonderen, durch Riemen angetriebenen Schleifspindel aufgesetzt sind, wie z. B. beim Innenschleifen, wo Drehzahlen bis zu 40000 Umdr./Min. vorkommen. Des weiteren ist die Motorleistung besonders für Maschinen der Art I und II durch das Gewicht begrenzt.

Die an der Schleifscheibe benötigte Leistung in PS errechnet sich aus

$$N = \frac{P \cdot v}{75} = P \cdot \frac{\pi \cdot d \cdot n}{75 \cdot 60},$$

worin bedeuten:

P = tangentiale Schleifkraft $D \cdot f$,
D = Anpreßdruck in kg,
f = Schneidziffer,
v = Umfangsgeschwindigkeit in m/Sek.,
d = Durchmesser der Scheibe in m,
n = Drehzahl der Scheibe je Minute.

Die Schneidziffer f, die mit der Kennziffer der gleitenden Reibung zusammenhängt, ist abhängig von Art, Korngröße und Härte der Schleifscheibe sowie von Schnittgeschwindigkeit und Anpreßdruck D, ferner von dem Verhältnis der Scheibenbreite zur Spanstärke. (Werkst.-Techn. 1921, S. 295f.)

Für die bei Elektrowerkzeugen üblichen Scheiben kann man $f = 0{,}4$ bis $0{,}7$ setzen, bei freischneidenden Scheiben liegt f näher an dem unteren Wert. Den Anpreßdruck soll man nur so groß wählen, daß die Schleifscheibe das Werkstück angreift, es genügt $D = 1$ bis 10 kg je nach Größe des Schleifscheibendurchmessers.

Zum Überwinden der Gegenkraft bei rotierenden Werkstücken ist noch $\frac{P \cdot v_1}{75}$ zu dem Betrag von $\frac{P \cdot v}{75}$ zuzuzählen, bzw. beim Innenschleifen abzuziehen, wobei v_1 aus dem Durchmesser des Werkstücks und dessen Drehzahl bestimmt wird (Abb. 63). Zum Schruppen von Stahl sind z. B. 8÷18 m/Min, zum Schlichten etwa 3÷8 m/Min. als Werkstückgeschwindigkeit günstig. Der seitliche Vorschub der Scheibe am Werkstück soll je nach Werkstückumdrehung unterhalb der Scheibenbreite liegen, z. B. bei Stahl etwa $^1/_2$ bis $^3/_4$, beim Schlichten unter $^1/_2$ Scheibenbreite.

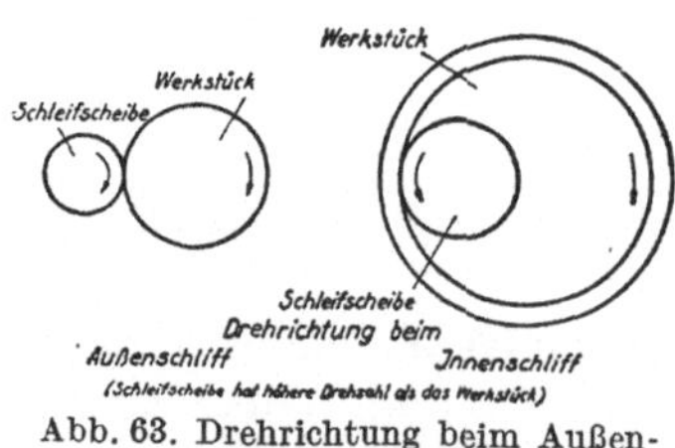

Abb. 63. Drehrichtung beim Außen- und Innenschliff.

Die Prüfung der Schleifmaschine erfolgt durch Bremsung der Schleifspindel im Pronyzaum oder in der Wirbelstrombremse und durch Messung der Erwärmung des Motors bei 1stündigem Betrieb.

Um die Motoren staubdicht abzuschließen, müssen sie völlig gekapselt sein. Dies bedeutet außerordentliche Anforderungen an den Elektromotor, da die Wärmeabfuhr lediglich durch Strahlung, Leitung und natürlichen Zug erfolgen kann, weshalb die Motoren im allgemeinen sehr reichliche Abmessungen besitzen müssen[1].

Zwecks völliger Ausnützung der Schleifscheibe sind dagegen kleine Motorendurchmesser erwünscht oder auch quadratische Bauformen bevorzugt, über deren Seite die Schleifscheibe hinausragt.

Großer Wert ist auch auf die Lagerung und die Auswuchtung aller umlaufenden Teile zu legen. Schwerpunktsverlagerungen wirken sich durch Vibrationen aus, zum Auswuchten der Schleifscheiben gibt es Aussparungen im Scheibenflansch mit verschiebbaren Gewichten, doch ist diese Arbeit immer etwas umständlich und zeitraubend.

Umschalter für Rechts- und Linksgang sind bei solchen Maschinen erwünscht, die beim Ansetzen der Scheibe sowohl rechts als auch links vom Bedienungsmann benützt werden, so daß das Funkenbüschel stets nach unten oder hinten fallen kann. Hierbei ist jedoch darauf zu achten, daß die Schleifscheiben selbst gesichert sind und ihre Befestigungsmuttern nicht durch die entgegengesetzte Drehrichtung sich lösen können. Im allgemeinen werden aus diesem Grunde Schleifmaschinen nur für eine Drehrichtung geliefert.

b) Schleifscheiben.

Die genauen Vorschriften über Schleifscheiben sind in den Richtlinien des AWF über die Schleifscheibe, ihre Wahl und Behandlung enthalten; die wichtigsten Punkte sind hier angeführt.

Wirtschaftliches Schleifen hängt in gleichem Maße wie von der Schleifmaschine so auch von der richtigen Wahl der Schleifscheibe ab, deren Anwendung und Zusammensetzung, Bindung, Härtegrad, Schleifmittel, Körnung, Scheibengröße und Form berücksichtigt müssen.

Die Schleifscheibe besteht aus einem Bindemittel und aus einem Schleifmittel, und man unterscheidet nach der Bindung 3 Arten von Schleifscheiben:

1. mineralische Bindung,
2. elastische (vegetabilische) Bindung,
3. keramische Bindung.

Bei der mineralischen Bindung (auch Magnesit oder kalte Bindung genannt) werden die einzelnen Körnchen des Schleifmittels durch das Bindemittel Silikat (Wasserglas mit Metalloxyden) und Sorelzement (Magnesit und Chlormagnesium) zusammengehalten. Wegen ihrer Empfindlichkeit gegen Feuchtigkeit werden sie wenig verwendet. Scheiben mit Zementitbindung sollen infolge ihrer geringen Festigkeit nur für Trockenschliff verwendet werden.

Scheiben mit Silikatbindung (Wasserglaskitt) ergeben infolge ihres Zusatzes von Zinkoxyd für Naßschliff einen feinen, zarten Schliff und haben den Vorzug einer kurzen Herstellungszeit.

Zur elastischen Bindung werden als Bindemittel Gummi, Harz, Leinölfirnis mit Harzen sowie Öle verwendet, was der Scheibe eine gewisse Elastizität und Zähigkeit verleiht und sie gegen Stoß und Druck unempfindlich macht. So werden hauptsächlich dünne Scheiben hergestellt, die zum Schleifen von Messern und Schneidewerkzeugen Verwendung finden, weil sie bei geringer Spanabnahme einen feinen Schliff ergeben.

Die keramische Bindung wird aus Glas oder porzellanartigen Massen bei hoher Temperatur gebrannt. Sie besitzt aber die größte Verbreitung, obwohl sie wenig elastisch ist. Die Scheiben erhalten durch den Brennvorgang eine große Porosität und Festigkeit und dadurch eine hervorragende Schneidfähigkeit, besonders bei Naßschliff, Wasser, Kälte oder Wärme verändern ihr Gefüge nicht, sie sind jedoch gegen Stoß sehr empfindlich.

[1] Nach den neusten Bestrebungen dürfen Schleifmotoren, insbesondere Drehstrommotoren mit Kurzschlußläufern, auch ventiliert gekapselt ausgeführt werden, da sie sonst, z. B. bei Handschleifmotoren gegenüber Preßluft, zu schwer ausfallen. Kollektormaschinen sind wegen der Neigung des Schleifstaubes, an den Kollektorteilen Isolationsüberbrückungen zu bilden, besonders häufig zu reinigen.

Das Bindemittel hat den Zweck, der Schleifscheibe den erforderlichen Widerstand gegen die Zentrifugalkraft zu verleihen und die einzelnen Körner des Schleifmittels während ihrer Schleifarbeit so lange festzuhalten, bis sie stumpf geworden sind.

Unter Härte der Schleifscheiben wird nicht die Härte des Bindemittels, sondern die Widerstandskraft des Schleifkorns gegen das Ausbrechen aus der Bindung verstanden. Das rechtzeitige Ausbrechen des Korns hängt von dem Schleifmittel und von der Bindung ab. Die Farbe der Schleifscheibe steht dagegen in keinerlei Beziehung zur Festigkeit und Güte. Die Abstufung der Scheiben erfolgt neuerdings nach der Nortonreihe, und zwar:

Außergewöhnlich weich, sehr weich, weich, mittel, hart, sehr hart, außergewöhnlich hart.

Das Schleifmittel hat die eigentliche Schleifarbeit zu leisten. Man unterscheidet Natur- und Kunstkorunde in verschiedener Körnung, von denen als Schleifrohstoffe Aluminiumoxyd (Korund) und Siliciumkarbid am meisten Anwendung finden.

Der künstliche Korund ist härter, zäher und reiner als der natürliche und unter der Bezeichnung Abrasit, Aloxite, Alundum, Coraffin, Corafferin, Corundum, Diamantin, Dirubin, Dynamidon, Elektrit, Elektrorubin, Redurit, Veral, Veralundum und dergleichen bekannt und wird aus Christallaluminiumoxyd erschmolzen.

Der Korund ist für alle zähen Werkstoffe geeignet, wie Stahl, Stahlguß, Temperguß, Bronzen, auch Glas, weil die Schneidhaltigkeit der Korundkörner sehr groß ist.

Siliciumkarbid ist weniger zäh und sein Korn splittert leicht. Wichtiger ist seine große Härte, die nur noch von Diamanten, Bor und Borkarbid übertroffen wird. Siliciumkarbid trägt die Bezeichnung: Carbidurit, Carbo-Diamantin, Carbolon, Carbora, Cappilar, Carbodulit, Carbonit, Carbosilite, Kohinur, Kricarsil, Minetabil usw.; es dient zum Schleifen von spröden Werkstoffen, wie Gußeisen, Hartguß, Kupfer ebenso zur Bearbeitung von Aluminium und ihren Legierungen, ferner Marmor, Granit, Horn, Knochen, Leder, Zement, Porzellan und Gummi.

Die Körnung wird zunächst nach Korngrößen, wie: „geschlämmtes Pulver, sehr fein, fein, mittelgrob, grob, sehr grob" eingeteilt. Die Größe der Körner wird durch verschiedene Siebe bestimmt, bei denen auf 1″ Länge eine bestimmte Anzahl von Maschen kommen. Die Größe der Körner wird mit Nummern bezeichnet, also z. B. für „grob" Nr. 20/24/30/36, wobei die Nummern etwa der Lochzahl je Sieb entsprechen.

Feinheit des Schliffes verlangt ein feines, Schleifübermaß und hohe Schnittleitung ein grobes Korn.

Für harte und spröde Werkstoffe verwendet man ein feines Korn und weiche Scheiben, bei weichen Werkstoffen harte Scheiben. Man kann nie mit derselben Scheibe z. B. Drehstähle oder Aluminium schleifen. Eine Scheibe „stäubt", d. h. sie nützt sich zu schnell ab, wenn sie zu weich ist. Ein grobes Korn bricht leichter aus als ein feines, weshalb letzteres im allgemeinen für weiche Schleifscheiben bevorzugt wird.

Als Kühlmittel für Naßschliff verwendet man Sodawasser oder Bohrwasser (Emulsion aus Bohröl mit Wasser). Dieses muß reichlich und dünnflüssig an der Berührungsstelle zwischen Scheibe und Werkstück gebracht werden, damit keine unzulässige Erwärmung des Werkstücks entstehen kann. Naßschliff erhöht die Schleifwirkung und vermindert Erhitzung von Scheibe und Schleifgut. Bei Sodawasser besteht die Gefahr des Anrostens der geschliffenen Teile.

Die Einhaltung der richtigen und zulässigen Umfangsgeschwindigkeit ist zur Erzielung der besten Arbeitsleistung sowie der Betriebssicherheit wegen erforderlich (vgl. VDE 35 unzulässige Umfangsgeschwindigkeiten).

Je niedriger die Umfangsgeschwindigkeit des Werkstücks ist, desto feiner wird der Schliff. Hohe Geschwindigkeiten des Werkstücks haben starke Abnützung der Schleifscheibe zur Folge. Zerspringt die Scheibe nach kurzer Zeit, so wurde zu harte oder feine Körnung verwendet oder die Umfangsgeschwindigkeit war zu groß.

Zum Rundschleifen sind folgende Scheibenumfangsgeschwindigkeiten zweckmäßig:

bei Stahl	30 bis 35 m/Sek.
„ Gußeisen	25 „ 30 „
„ Handschleifmotoren nur	20 „ 25 „

Beim Innenschleifen wird man mit Rücksicht auf den Antrieb der Innenschleifspindel auf etwa 18 m/Sek. heruntergehen. Bei kleinen Durchmessern lassen sich sogar nicht mehr als 8 bis 12 m/Sek. erreichen. Von etwa 150 mm Scheibendurchmesser ab werden die Scheiben mit der doppelten zulässigen Umfangsgeschwindigkeit etwa 50 m/Sek. geprüft. Bei zu geringer Umfangsgeschwindigkeit nutzt sich die Schneidhaltigkeit schneller ab, durch zu hohe Umfangsgeschwindigkeit wird keine Mehrleistung mehr erzielt.

Das Aufrauhen und Reinigen der Schleifscheiben wird mit harten Handrutschen aus Siliziumkarbid oder Abdrehstahlrädchen oder -Steinen bei geringer Drehzahl ausgeführt, bis die Poren von Spänen gesäubert sind. Dies ist z. B. nötig, wenn eine Scheibe infolge zu großer Härte „schmiert“.

Das Abdrehen oder Abrichten geschieht mittels Diamanten unter Wasserzufuhr, wobei der Diamanthalter fest eingespannt und die Schleifscheibe vorbeigeführt wird.

Vor dem Aufspannen der Schleifscheibe überzeugt man sich durch Klopfen mit einem leichten Hammer, ob die Scheibe durch einen klaren hellen Ton, ohne Klirren und Nebengeräusche anzeigt, daß sie rißfrei ist.

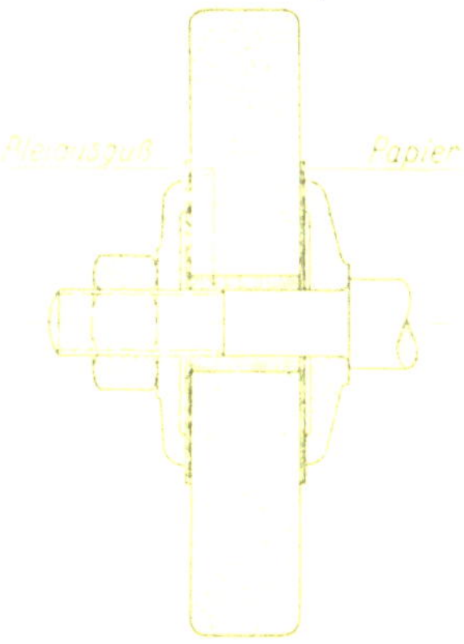
Abb. 64. Vorschriftsmäßige Schleifscheibenbefestigung.

Die Scheibe muß stets leicht, ohne Gewalt und ohne Klemmen auf der Welle angebracht werden. Das Aufspannen erfolgt durch Flanschen, die nicht flach, sondern etwas ausgespart (hinterstochen) sein sollen. Zwischen Flanschen und Scheibe sind weiche Zwischenlager aus Weichpappe, Gummi oder Leder einzulegen, damit kein einseitiger Druck auf die Scheibe kommt, auch soll der Durchmesser der Einspannflanschen gleich sein (Abb. 64). Es empfiehlt sich, den Durchmesser des Scheibenflansches etwa gleich dem halben Durchmesser der Schleifscheibe zu wählen (englische Norm), so daß beim Zerspringen der Scheiben, bei unvorsichtiger Berührung oder durch Schleifstaub keine Unfälle entstehen können. Alle Schleifscheiben sind mit genügenden Schutzvorrichtungen zu versehen.

Die Schutzvorrichtungen sollen nach VDE $^2/_3$ des Umfangs umfassen und müssen aus Schmiedeeisen oder einem gleich zähen Werkstoff bestehen. Dabei soll die Umfassung derart sein, daß beim Schleifen die Funken nach unten oder hinten vom Schleifer aus gesehen absprühen. Außerdem soll nach den Unfallverhütungsvorschriften der Berufsgenossenschaften für den Schleifer eine Schutzbrille, möglichst in Nähe der Schleifmaschine bereit liegen (vgl. VDE 35 und 36).

Die Schleifscheiben sind sorgfältig zu befördern, zu lagern und insbesondere vor Stößen zu schützen.

Die **Größenabmessungen** sind durch die Bauart der Schleifmaschinen festgelegt. Schleifscheiben größeren Durchmessers sind vorteilhafter als solche mit kleinem Durchmesser,

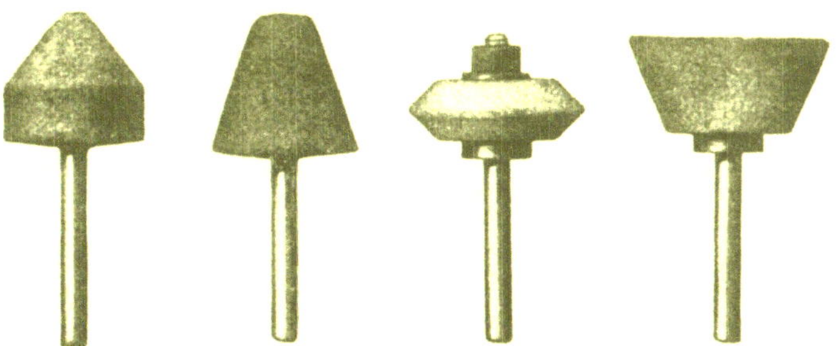
Abb. 65. Verschiedenartig geformte Schleifkörper.

weil sie nicht so oft abgerichtet werden müssen und besser ausgenutzt werden können. Bei schmalen Scheiben darf nie seitlich geschliffen werden! Man unterscheidet:

Flachscheiben (Abb. 64), Topfscheiben, Doppeltopfscheiben, Ring- und Profilscheiben (Abb. 65). Sonderscheiben zum Schärfen von Werkzeugen siehe DIN 181 bis 185. Jede Schleifscheibe muß vom Hersteller ein Schildchen mit den wichtigsten Angaben tragen.

Zur **Auswahl der richtigen Schleifscheibe** sind bei Bestellung der Schleifscheiben dem Lieferer nach AWF möglichst folgende Angaben zu machen:

1. Art des zu schleifenden Werkstücks (z. B. Holz- oder Metallbearbeitung).
2. Werkstoffe der zu schleifenden Gegenstände (möglichst Angaben über Art, Festigkeit und Zähigkeit).
3. Werkstoffe gehärtet oder ungehärtet.
4. Trocken- oder Naßschliff.
5. Grob-, Mittel- oder Feinschliff.
6. Werden Grate, Kanten oder Flächen geschliffen.

7. Wird am Umfang oder an den Seitenflächen der Schleifscheibe gearbeitet.

8. Wird von Hand, mit Support oder automatisch geschliffen. (Beim maschinellen Schleifen, ob Flächen-, Außen- oder Innenschliff in Betracht kommt.)

9. Drehzahl der Schleifspindel in der Minute.

10. Form der Scheibe oder Profil am Umfang der Scheibe. (Teller, Zylinder, Topf oder Doppeltopf, bei schrägem Profil Winkel, bei rundem Profil Radius genau angeben.)

Beim Flächenschliff ist anzugeben, ob die Schleifwelle senkrecht oder wagrecht gelagert ist, ob mit vollem Schleifzylinder oder mit Segmentteller geschliffen wird.

Beim Flächenschliff mit senkrechter Schleifwelle ist die Größe der zu schleifenden Fläche anzugeben, ferner ob die zu schleifende Fläche voll oder unterbrochen ist.

Beim Flächenschliff mit wagrechter Schleifwelle ist noch anzugeben, ob am Umfange der Schleifscheibe oder an der Stirnseite des Schleifscheibenzylinders geschliffen wird.

I. Handschleifmaschinen.

a) VDE 35.

Regeln für die Bewertung und Prüfung von Hand- und Supportschleifmaschinen.

§ 1. Nachstehende Regeln sind gültig vom 1. Jan. 1926. (Sie sind ergänzt nach den Beschlüssen des VDE vom Juli 1929.)

§ 2. Die Schleifmaschinen müssen den „Regeln für die Bewertung und Prüfung von elektrischen Maschinen R.E.M.“ entsprechen, wenn in nachstehenden Regeln keine anderen Bestimmungen getroffen sind.

Zusatz: Hand- und Supportschleifmaschinen mit einer Nennleistung bis zu 500 W einschließlich gelten als Hand- und Supportschleifmaschinen mit Kleinstmotoren.

§ 3. Begriffserklärungen. Elektrische Handschleifmaschine ist eine Schleifmaschine mit eingebautem elektrischen Antrieb, die zur freihändigen Verrichtung von Schleif-, Polier- und ähnlichen Arbeiten durch das Bedienungspersonal von Hand an die Bearbeitungsstelle gebracht wird.

Elektrische Supportschleifmaschine ist eine Schleifmaschine mit eingebautem elektrischen Antrieb, die zur Ausführung von Maschinenschliff auf dem Support oder dergleichen von Arbeitsmaschinen befestigt wird, so daß die Spananstellung mechanisch erfolgt.

Stundenleistung ist die Leistung, die die Maschine an der Schleifspindel gemäß den „Regeln für die Bewertung und Prüfung von elektrischen Maschinen R.E.M.“ 1 h lang ununterbrochen abgeben kann.

Gekapselt ist eine Maschine, die keinerlei Öffnungen besitzt. Die äußere Wärmeabfuhr erfolgt lediglich durch Strahlung, Leitung und natürlichen Zug.

§ 4. In den Preislisten und Angeboten sollen die Stundenleistung der Schleifmaschinen in W, abgegeben an der Schleifspindel, die minutliche Drehzahl sowie Durchmesser und Breite der größten zulässigen Schleifscheibe bei dieser Leistung und Drehzahl angegeben werden.

§ 5. Die Messung der Stundenleistung an Schleifmaschinen soll durch Bremsung der Schleifspindel erfolgen.

§ 6. Alle Hand- und Supportschleifmaschinen sind zu kapseln.

§ 7. Hand- und Supportschleifmaschinen sind mit einer Schutzvorrichtung zu versehen, die den Unfallverhütungsvorschriften der Berufsgenossenschaften entspricht und möglichst $^2/_3$ des Umfanges (240°) der Schleifscheibe umfaßt. Die Schutzvorrichtung muß aus Schmiedeeisen oder einem gleich zähen Werkstoff bestehen. Diese Schutzvorrichtung darf nur in solchen Fällen fortgelassen werden, in denen die Eigenart des Werkstückes oder der Schleifarbeit bei etwaigem Zerspringen der Schleifscheibe jede Gefährdung von Personen ausschließt.

§ 8. Hand- und Supportschleifmaschinen müssen so gebaut sein, daß die Umfangsgeschwindigkeit der Schleifscheibe in keinem Fall (auch bei Leerlauf) die in den Unfallverhütungsvorschriften des Verbandes Deutscher Berufsgenossenschaften festgesetzte Grenze überschreitet. Z. Z. dürfen folgende sekundlichen Umfangsgeschwindigkeiten bei Schmirgelscheiben nicht überschritten werden:

a) bei Scheiben mineralischer Bindung 15 m;

b) bei Scheiben vegetabilischer oder keramischer Bindung und Zuführung des Arbeitsstückes mit der Hand (Handschleifmaschine) 25 m;

c) bei Scheiben vegetabilischer oder keramischer Bindung und mechanischer Zuführung des Arbeitsstückes (Supportschleifmaschinen) 35 m.

§ 9. Schleifmaschinen müssen mit einem Drehsinnzeichen versehen sein. Die Befestigung der Schleifscheibe muß so ausgestaltet sein, daß ein unbeabsichtigtes Lockern ausgeschlossen ist.

§ 10. Als Zuführungsleitung zu der Maschine dürfen Leitungen mit Drahtbewicklung und Drahtbeflechtung nicht benutzt werden.

Die Zuführungsleitung muß einen zur Erdung dienenden Leiter haben, der mit dem Körper der Maschine dauernd oder bei lösbarer Verbindung zwangsläufig vor Unterspannungsetzen der Maschine leitend verbunden wird. Bauart und Querschnitt des Erdungsleiters müssen den Bestimmungen des § 15 der „Vorschriften für isolierte Leitungen in Starkstromanlagen, V.I.L." entsprechen.

Bei Schleifmaschinen mit einer Leistungsangabe bis 100 Watt und für Spannungen unter 250 Volt ist eine zwangsläufige Erdung nicht erforderlich. Es ist dann aber am Körper jeder Maschine eine Erdungsklemme vorzusehen und als solche zu kennzeichnen, um nötigenfalls die Erdung zu ermöglichen.

§ 11. Spannungen für normale Maschinen sind:

für Gleichstrom . . . . 125, 220 Volt,
bei einer abgegebenen Leistung von 200 W und darüber . . . . 550 Volt,
für Drehstrom . . . . 125, 220, 380 Volt,
für Wechselstrom . . . . 110, 220 Volt.

Die Normalfrequenz ist 50 Per/s.

§ 12. Für jede Maschine ist ein in Reichweite des Arbeiters liegender Schalter vorzusehen, durch den die Wicklungen und sonstigen stromführenden Teile des Motors spannungslos gemacht werden können. Bei Maschinen bis zu 100 W Leistungsabgabe und für Spannungen unter 250 Volt sind auch Schalter zulässig, durch die die Maschinen nur stromlos gemacht werden. Der Schalter und die Steckvorrichtung müssen gegen mechanische Beschädigungen durch Metallkapselung geschützt sein und, wenn nicht an sich mit dem Körper der Maschine leitend verbunden, ebenfalls geerdet sein.

§ 13. Jede Maschine muß mit einem Ursprungszeichen versehen sein.

§ 14. An jeder Maschine ist ein Schild anzubringen, das folgende Angaben enthält:

1. Fertigungsnummer,
2. Stundenleistung in W an der Schleifspindel,
3. Drehzahl der Schleifspindel in 1 min bei Stundenleistung,
4. größter zulässiger Durchmesser der Schleifscheibe in mm,
5. größte zulässige Breite der Schleifscheibe in mm,
6. Stromart,
7. Spannung,
8. Frequenz.

b) Aufbau, Verwendung und Abmessungen.

Handschleifmaschinen mit eingebautem elektrischen Antrieb werden freihändig an das Werkstück herangebracht und aus freier Hand wie Handbohrmaschinen während der Arbeit geführt. Sie dienen zum Schleifen, Polieren, Gußputzen und ähnlichen Arbeiten.

Das Gewicht ist äußerst gering zu halten und die Motorleistung dadurch nach oben begrenzt. Über die Abmessungen gibt die nachstehende Zahlentafel 14 Aufschluß, die an Hand der gebräuchlichsten Schleifscheibendurchmesser und auf Grund der Unterlagen von 6 deutschen und 5 amerikanischen Firmen zusammengestellt ist. Die oberen Drehzahlen sind meist amerikanischen Ursprungs, da dort höhere Umfangsgeschwindigkeiten üblich sind.

Zahlentafel 14. Über Handschleifmotoren.
Grenz- und Mittelwerte $v = 25$ m/Sek. zulässig, vgl. VDE 35.

Schleifscheiben		Drehzahl		Drehzahl bei $v = 25$ m/Sek.	Motorleistung		Gewichte	
Durchmesser mm	Breite mm	Grenzwerte Umdr./Min.	Mittelwert Umdr./Min.		Grenzwerte Watt	Mittelwert Watt	Grenzwerte kg	Mittelwert kg
85/100	12—19	3000—5500	4000	4800	100—180	150	3,0—6,5	5,0
125	12—25	2800—4000	3200	3800	180—500	350	7—11,5	10,0
150—160	12—32	2400—3600	3100	3000	200—850	450	11—26	16,5
200	19—38	1400—3400	2500	2400	600—2200	950	22—60	34,0

Die großen Handschleifmaschinen werden bei der Arbeit häufig an einem Seilzug mit Gegengewicht oder Federzug (Abb. 66) wie elektrisch betriebene Handbohrmaschinen aufgehängt. Sie dienen zum Gußputzen, Abschmirgeln, Abgraten und dergleichen, wobei ihre Leistung gegenüber Handarbeit mit Feile und Meißel ein 2- bis 5faches beträgt. Sie ersparen Transportarbeit, auch bei mittelgroßen Werkstücken. Gegenüber dem Schleifhandstück mit biegsamer Welle haben sie den Vorzug besserer Leistung (Wirkungsgrad), größerer Unempfindlichkeit und höherer Lebensdauer. Der Anpressungsdruck wird unnötigerweise häufig noch durch den auf der Maschine liegenden Arbeiter verstärkt, weshalb die Lagerung besonders kräftig auszubilden ist.

Abb. 66. Gußputzen mit Handschleifmotor am Seilzug.

Schleifspindelwelle und Motorwelle bestehen aus einem Stück.

Die Lagerung im Halslager wird ab und zu auch federnd vorgenommen. Dies gilt besonders für schwerere Schleifarbeiten. Nach Dynbal wird der Wellenzapfen derart federnd gelagert, daß das Kugellager zwischen 2 Spiralfedern frei schwimmend und nachgiebig angeordnet ist. Hierdurch kann sich die umlaufende Masse auf ihren Massenschwerpunkt einstellen. Dies hat zur Folge, daß auch bei unrunden Schleifscheiben und -walzen ein stoßfreies und ruhiges Führen des Handstücks bzw. der Handschleifmaschine möglich ist. Die federnde Lagerung wird auch erreicht durch besondere Anordnung der Schleifscheibe auf einem eingelegten Gummiring (Suhner).

Bei einzelnen Konstruktionen löst der Schalter beim Loslassen des Handgriffes selbsttätig aus; Umschalten ist nicht erforderlich. — Die Verwendung von Universalmotoren mit Leerlaufbremse ist wegen zu großer Gefahr unstatthaft und verboten, dagegen gibt es Fälle, wo durch Zwischenschalten einer einfachen Räderübersetzung solche Motoren ebenfalls herangezogen werden (Amerika), dabei ist die seitliche Anordnung zwecks besserer Ausnutzung der Scheibe vorteilhaft.

Die Bedienung kann ohne jede Ermüdung erfolgen, und man erzielt gegenüber dem Handarbeitsverfahren mit Feile oder Hammer und Meißel eine 8 bis 20fache Mehrleistung.

Zum Verputzen einer etwa 200 mm langen Gußnaht braucht man mit obigen Handwerkszeugen etwa 3,3 bis 4,1 Minuten, mit einer Handschleifmaschine dagegen nur 0,13 bis 0,52 Minuten. Der Unterschied in der Ermüdung wird sehr deutlich, wenn man die beim Gußputzen mit Feile, Hammer und Meißel ausgeführten Bewegungen mit der zur Lenkung des Handschleifmotors erforderlichen Anstrengung vergleicht.

II. Supportschleifmaschinen (vgl. VDE 35).

Die Supportschleifmaschinen mit eingebautem elektrischen Antrieb werden auf einer anderen Werkzeugmaschine (Drehbank, Hobelmaschine) eingespannt und von dieser unter mechanischer Spananstellung zwangsläufig geführt. Sie dienen zur Ausführung von Maschinenschliff und zerfallen in 2 Gruppen:

Support-Schleifmotoren mit auf der Motorwelle aufgesetzter Schleifscheibe (Abb. 67 und 68);

Support-Schleifmotoren mit vom Motor getrennter Schleifspindel, wobei der Antrieb der Schleifscheibe durch Riemenscheibe und Gurt erfolgt (Abb. 70).

Abb. 67. Supportschleifmotor mit Vierkantschaft.

Beide Arten dienen zum Innen- und Außenschleifen. Die Drehrichtungen von Schleifstück und Schleifscheibe sind beim Außenschliff gleich, damit die beiden Körper an den Schleifstellen gegeneinander laufen. Beim Innenschliff sind sie einander entgegengesetzt (Abb. 63).

a) Supportschleifmotoren mit auf Motorwelle aufgesetzter Schleifscheibe.

Die Motoren mit aufgesetzter Schleifscheibe werden mit einem Vierkantschaft (Abb. 67) oder einer Spannschiene (Abb. 68) auf dem Support einer Drehbank zum Rund- und Innenschleifen oder auch auf einer Schnellhobelmaschine zum Flächenschleifen wie Dreh- oder Hobelstähle eingespannt. Früher war es üblich, die Supportmotoren noch mit einem Längs- oder Quersupport zu versehen, doch ist man von dieser Ausführung neuerdings ziemlich abgekommen. Bei kleineren Motoren wird zum genauen Einstellen auf die Drehbankspitze der Motor vereinzelt in einem Gelenk schwenkbar gelagert. Zur Vermeidung von Erschütterungen und Erzielung eines sauberen Schnittes müssen die Motoren, Spannteile und Wellen besonders kräftig gebaut sein, ebenso müssen die benutzten Werkzeugmaschinen und deren Support- oder Revolverkopf entsprechend dem Gewicht dieser Motoren kräftig bemessen sein. Auch dürfen sie keine Teile aufweisen, die durch Riemenschlag oder Zahnräder mitschwingen. Das Schleifstück muß gut gelagert und einwandfrei zentriert sein. Bei großen Längen muß der Schleifdruck (durch Lünetten) aufgefangen werden. Die Motoren müssen wegen der Feinheit des Schleifstaubs völlig gekapselt sein[1].

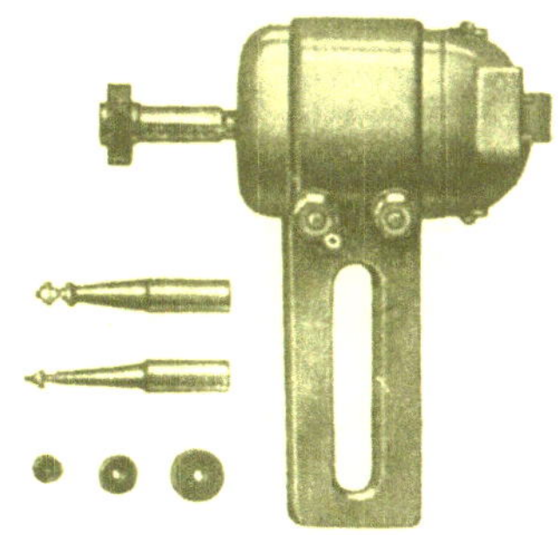

Abb. 68. Spitzenschleifer mit Spannschiene und Verlängerungsspindeln.

[1] Für ganz kleine Scheibendurchmesser bei geringen Leistungen, z. B. Schleifen von

Die üblichen Abmessungen solcher Motoren sind in der untenstehenden Zahlentafel 15 enthalten, die an Hand der gebräuchlichsten Scheibendurchmesser und auf Grund der Unterlagen von 5 deutschen und 3 amerikanischen Firmen zusammengestellt ist.

Abb. 69. Spitzenschleifapparat auf der Drehbank.

Zahlentafel 15. Über Supportschleifmotoren (Abb. 67—69).
(Schleifscheibe auf der Motorwelle aufgesetzt.)
Grenz- und Mittelwerte ($v = 35$ m/Sek. zulässig vgl. VDE 35, § 8).

Schleifscheiben		Drehzahlen		Drehzahl bei $v = 35$ m/Sek.	Motorleistung		Gewichte	
Durchmesser mm	Breite mm	Grenzwerte Umdr./Min.	Mittelwert Umdr./Min.		Grenzwerte Watt	Mittelwert Watt	kg	Mittelwert kg
110/115/120	10—15	4000—10000	5500	5500	120—180	160	8,5—11	9,0
150/160	10—20	2800—4500	3500	4200	120—300	180	7,5—13	10,0
200	13—25	2600—3400	3000	3300	360—450	380	17—20	19,0
220/250	20—30	1750—2900	2350	2700	725—740	735	33—44	38,0
400	50—60	1450—1500	1450	1700	1500—3000	2100	84—100	96,0

Wichtig ist bei diesen Motoren das Überragen der Schleifscheibe über den Motorkörper (quadratische Ausführung) und damit die Verwendbarkeit bei stark abgesetzten Wellen oder Stücken mit vorspringenden Teilen, sowie die Zugänglichkeit in Ecken, was je nachdem die Anwendung beschränken kann. Sie werden vom kleinen Betrieb, wo wenig Schleifarbeiten vorkommen, bevorzugt, schon weil sie während der Ruhezeit in der Nähe der Werkbank angebracht und zum Nachschleifen der Werkzeuge benutzt werden können.

Zum Innenschleifen sind sie durch Aufsetzen eines Verlängerungsstückes einzurichten. Am besten nimmt man hierzu Schrauben und Kegel, damit ein Unrundlaufen oder Schwanken vermieden wird. Die üblichen Scheibendurchmesser sind hierfür 70, 80 bis 100 mm, bei einer Breite von 10 bis 20 mm. Die Schleiftiefe beträgt je nach Größe und Ausführung 200 bis 300 mm. Der Schleifscheibendurchmesser soll sich zum Zylinder-Innendurchmesser bei Bohrungen über 100 mm

---

Spitzen (Abb. 69) können auch unbedenklich Universalmotoren benützt werden, da hier die Umfangsgeschwindigkeit nicht über das zulässige Maß hinausgeht. Eine Verbindung zwischen Hand- und Supportschleifmotor ist wegen des zu langen Spindelarmes und der dabei verbundenen Ungenauigkeit zu verwerfen.

etwa wie (3 ÷ 4,5) : (5), bei kleineren Durchmessern etwa wie 9 : 10 verhalten. Die Schleifscheibe der Innen-Schleifspindel muß dabei eine viel größere Umdrehungszahl haben als das zu schleifende Werkstück.

Eine Sonderausführung bilden Innenschleifmotoren mit längerem Halsstück, in dem die Schleifspindel wie bei den Handschleifmaschinen gelagert ist. Die Schleiftiefe beträgt hier bis zu 500 mm, der kleinste Innendurchmesser liegt bei 70 mm. Eine Gefahr der Ungenauigkeit liegt dabei in dem langen Hebelarm zwischen Schleifscheibe und Motor.

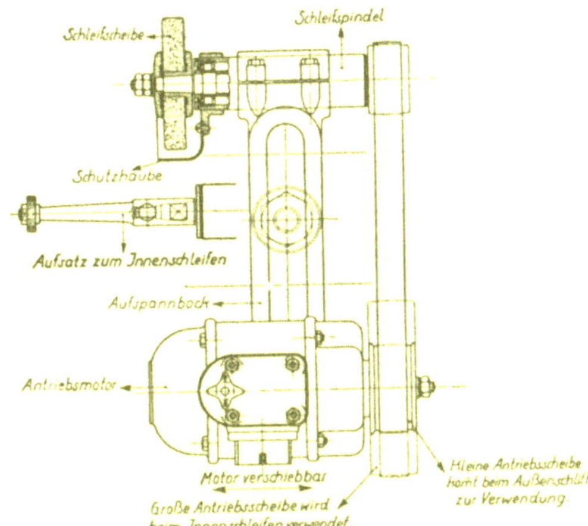

Abb. 70. Supportschleifapparat mit Aufspannbock zum Außen- und Innenschliff.

b) Supportschleifmotoren mit getrennt gelagerter Spindel.

Bei Ausführungen mit getrennt gelagerter Spindel (Abb. 70 bis 72) ist der Motor im Aufspannbock gewöhnlich schwenkbar gelagert, damit die Entfernung zwischen Motor- und Schleifspindel je nach der Riemenlänge eingestellt werden kann. Diese Anordnung hat folgende Vorzüge:

Die Wahl der Schleifscheibendurchmesser und der Drehzahl kann unabhängiger vom Außendurchmesser und von der Drehzahl des Motors erfolgen,

Abb. 71. Kurbelwellenschleifapparat.

außerdem kann ein viel stärkerer Motor (200 bis 2200 Watt üblich) gewählt werden. Die Schleifscheibe kann mehr ausgenützt und bei großen Durchmessern auch an Kröpfungen und dergleichen noch verwendet werden. Infolge der Festspannung des Bockes zwischen Motor und Spindel ist ein ruhiger, erschütterungsfreier Gang ohne Möglichkeit zu Schwingungen gewährleistet. Die Spindel kann besser und genauer gelagert werden. Das Schulterlager der Spindel soll möglichst nahe an der Schleifscheibe sitzen und gegen Staub abgedichtet sein. Die Motoren werden zwecks leichterer Bauart auch ventiliert gekapselt ausgeführt.

Eine endlose oder genähte Riemengurte mildert beim Schleifen Stöße von Motor auf Spindel und umgekehrt. Je nach Form und Lage des Supports kann die Spindel beliebig gedreht und verschoben werden, so daß man überall zur Arbeit beikommen kann. Auch der Motor mit Riemen ist entsprechend verschiebbar, damit er der seitlichen Bewegung der Spindel folgen kann. Diese Ausführung dient daher zu allen größeren, feineren und schwierigeren Arbeiten, z. B. zum Schleifen von Papierwalzen, gekröpften Wellen, Zylindern, Kollektoren und dergleichen. Wichtig ist das Ausrichten und Schärfen der Schleifscheiben, das sich bequem durch Vorbeiführen des Apparates an dem zwischen den Spitzen der Drehbank fest eingespannten Diamanten vornehmen läßt.

Abb. 72. Innenschleifen.

Eine Sonderausführung sind Kurbelwellenschleifapparate mit großen Schleifscheibendurchmessern (bis zu 400 mm) für Kröpfungen bis 150 mm (Abb. 71). Die Schleifscheibe besteht meist aus einem Stahlkern mit einem Schleifbelag (Silizit-Karbid). Zum Abfangen des Schleifdruckes dient eine Lünette; durch besondere verstellbare Mitnehmer kann jede Hubhöhe genau und bequem eingestellt werden. Diese Hilfseinrichtungen sind dabei ebenso wichtig wie die Schleifmaschine selbst und werden auch zuweilen mit dieser zusammengebaut.

Zum Innenschleifen werden auf die Spindeln Verlängerungsstücke mit Einlegebüchsen für Einfahrtiefen bis zu 300 mm aufgesetzt (Abb. 72). Während zum Außenschleifen meist eine Übersetzung von 1 : 1 von Motor zu Spindel eingebaut ist, wird zum Innenschleifen eine große Riemenscheibe (aus Leichtmetall zur Massenminderung) auf die Motorwelle aufgesetzt, so daß Drehzahlen von 15000 bis sogar 40000/Min. an der Schleifspindel erzielt werden können. Dies gewährleistet neben den erwähnten Vorzügen eine erhebliche Genauigkeit, zumal die Lager- und Wellenabmessungen schon für die Außenschleifarbeiten äußerst kräftig gewählt sind. Gebräuchliche Scheibendurchmesser sind 10 bis 50 mm bei einer Breite von 4 bis 10 mm. Die Schleiftiefe bewegt sich zwischen 15 und 500 mm.

Zum besseren Einstellen der Spitzenhöhe wird ab und zu die Spindel im Aufspannbock exzentrisch gelagert, doch hat dies eine Vergrößerung der Spindellagerdurchmesser als nachteilige Folge.

III. Bank- und Ständerschleifmaschinen (Abb. 73 bis 75).

a) VDE 36.

Regeln für die Bewertung und Prüfung von Schleif- und Poliermaschinen.

§ 1. Nachstehende Regeln treten am 1. Juli 1927 in Kraft. (Sie sind ergänzt nach den Beschlüssen des VDE vom Juli 1929.)

§ 2. Die elektrischen Schleif- und Poliermaschinen müssen den „Vorschriften für die Errichtung und den Betrieb elektrischer Starkstromanlagen" und den „Regeln für die Bewertung und Prüfung von elektrischen Maschinen R.E.M." entsprechen, falls in nachstehenden Regeln keine anderen Bestimmungen getroffen sind.

Zusatz: Schleif- und Poliermaschinen mit einer Nennleistung bis zu 500 W einschließlich gelten als Schleif- und Poliermaschinen mit Kleinstmotoren.

§ 3. Begriffserklärungen. Elektrische Schleif- und Poliermaschinen im Sinne dieser Regeln sind Elektrowerkzeugmaschinen, bei denen der elektrische Antrieb ein Konstruktionselement bildet, also ein unmittelbarer Zusammenhang zwischen Schleifkörper und elektrischem Antrieb besteht. Hand- und Supportschleifmaschinen fallen nicht unter diese Bestimmungen; für sie gelten besondere „Regeln für die Bewertung und Prüfung von Hand- und Supportschleifmaschinen".

Als Schleifkörper werden Schleifscheiben oder Polierscheiben verwendet. Als Schleifscheiben im Sinne von §§ 10 und 11 dieser Regeln kommen nur derartige in Frage, über die Unfallverhütungsvorschriften der Berufsgenossenschaften bestehen (Normalunfallverhütungsvorschriften für gleichartige Gefahren in gewerblichen Betrieben, Berlin, Carl Heymanns Verlag).

§ 4. Die Motoren aller Schleif- und Poliermaschinen sind geschlossen auszuführen, damit ein Eindringen von Schleif- und Polierstaub unbedingt verhindert wird. Dieses gilt auch für eingebaute Schalt- und Anlaßgeräte sowie für die Anschlüsse.

§ 5. Geschlossene Motoren können folgendermaßen ausgeführt sein:

1. Mit Rohranschluß. Der Motor ist bis auf Zuluft- und Abluftstutzen geschlossen. An diese sind Rohre oder andere Luftleitungen angeschlossen.

2. Mit Mantelkühlung. Die stromführenden und inneren umlaufenden Teile sind allseitig abgeschlossen. Der Motor wird durch Belüftung der Außenflächen durch einen angebauten Ventilator gekühlt.

3. Mit Wasserkühlung. Die stromführenden und inneren umlaufenden Teile sind allseitig abgeschlossen. Der Motor wird durch fließendes Wasser gekühlt.

4. Gekapselt. Der Motor ist allseitig geschlossen. Die Wärme wird lediglich durch Strahlung, Leitung und natürlichen Zug abgeführt.

§ 6. Die Leistungsmessung und -angabe erfordert eine Berücksichtigung des dem Schleifen eigentümlichen Betriebsspieles (aussetzender Betrieb bei dauernd eingeschaltetem Feld). Die Motoren sind so zu bemessen, daß sie nach 2stündigem Leerlauf bei einer Nennleistung bis 250 W 15 min, über 250 W 30 min lang die Nennleistung abgeben können, ohne sich unzulässig zu erwärmen.

§ 7. Die Leistung soll durch Abbremsen der Arbeitswelle gemessen werden.

§ 8. In den Preislisten und Angeboten sollen die Leistung der Maschinen in W oder KW, abgegeben an der Arbeitswelle, die minutliche Nenndrehzahl sowie Durchmesser und Breite der größten zulässigen Schleifscheibe bei dieser Leistung angegeben werden.

§ 9. Alle elektrischen Schleif- und Poliermaschinen müssen mit einem Drehsinnzeichen versehen sein.

§ 10. Elektrische Schleifmaschinen müssen so gebaut sein, daß die Umfangsgeschwindigkeit der Schleifscheibe in keinem Fall, auch nicht bei Leerlauf, die in den Unfallverhütungsvorschriften des Verbandes Deutscher Berufsgenossenschaften festgesetzte Grenze überschreitet.

Folgende Umfangsgeschwindigkeiten dürften bei Schmirgelscheiben nicht überschritten werden:

a) bei Scheiben vegetabilischer oder keramischer Bindung und Zuführung des Arbeitsstückes mit der Hand 25 m/s.

b) bei Scheiben vegetabilischer oder keramischer Bindung und mechanischer Zuführung des Arbeitsstückes 35 m/s.

In Fall b) kann ausnahmsweise eine Höchstgeschwindigkeit von 50 m/s zugelassen werden, jedoch nur unter der Bedingung, daß ein entsprechend schneller Probelauf nachgewiesen ist und daß besonders starke Schutzhauben vorhanden sind.

c) Scheiben mit mineralischer Bindung dürfen nur in Sonderfällen angewendet werden. Ihre höchste Umfangsgeschwindigkeit beträgt 15 m/s.

§ 11. Elektrische Poliermaschinen müssen so gebaut sein, daß ihre Drehzahl in keinem Fall, auch nicht bei Leerlauf, höher als 20% über die auf dem Leistungsschild angegebene Nenndrehzahl ansteigt. Falls Poliermaschinen mit Schleifscheiben ausgerüstet werden, darf ihre zulässige Umfangsgeschwindigkeit auch bei Leerlauf die in § 10 angegebenen Werte nicht überschreiten.

§ 12. Die Schleifscheiben der elektrischen Schleifmaschinen und der gemäß § 11 mit Schleifscheiben ausgerüsteten Poliermaschinen sind mit einer Schutzvorrichtung zu versehen, die den Unfallverhütungsvorschriften des Verbandes Deutscher Berufsgenossenschaften entspricht und mindestens $^2/_3$ des Umfangs (240°) der Schleifscheibe umfaßt. Die Schutzvorrichtung muß aus Schmiedeeisen oder gleich zähem Werkstoff bestehen.

§ 13. Die Schleifscheiben müssen so befestigt werden, daß ein unbeabsichtigtes Lockern ausgeschlossen ist.

§ 14. Als Zuführungsleitungen zu der Maschine dürfen drahtbeflochtene Leitungen nicht verwendet werden.

Die Zuführungsleitung muß einen zur Erdung oder zur Betätigung von Schutzvorrichtungen dienenden Leiter besitzen, der mit dem Körper der Maschine dauernd oder bei lösbarer Verbindung zwangläufig vor Unterspannungsnetzen der Maschine leitend verbunden wird. Bauart und Querschnitt des Erdungsleiters müssen den Bestimmungen unter § 15 der „Vorschriften für isolierte Leitungen in Starkstromanlagen V.I.L.“ entsprechen.

Mit Maschinen festverbundene Zuleitungen müssen einen am Gehäuse angeschlossenen und als solchen gekennzeichneten Erdungsleiter besitzen, um eine Erdung oder Betätigung von Schutzvorrichtungen zu ermöglichen; ferner müssen diese Zuleitungen gegen Verdrehen und Zug gesichert sein.

§ 15. Für jede Maschine ist in Reichweite des Arbeiters ein Schalter anzubringen, durch den der Motor in allen seinen Teilen spannungslos gemacht werden kann.

§ 16. Jede Maschine muß mit einem Ursprungszeichen (Firma oder Fabrikzeichen des Herstellers) gekennzeichnet sein.

§ 17. An jeder Maschine ist ein Schild anzubringen, das folgende Angaben enthält:

1. Fertigungs- oder Reihennummer.
2. Die in § 6 gekennzeichnete Leistung in W oder KW an der Arbeitswelle mit dem Zusatz 2 h Leerlauf 15 bzw. 30 min.
3. Drehzahl der Arbeitswelle bei der angegebenen Leistung.
4. Bei Schleifmaschinen und im Fall von § 11 auch bei Poliermaschinen der größte zulässige Durchmesser und die Breite der Schleifscheibe in mm.
5. Stromart.
6. Spannung.
7. Frequenz.
8. VDE-Zeichen, falls erteilt.

§ 18. Spannungen für Normalmaschinen sind:

für Gleichstrom	110, 220, 440, 550 Volt,
„ Drehstrom.	125, 220, 380 Volt,
„ Wechselstrom	125, 220 Volt.

Die normale Frequenz ist 50 Per/s.

b) Bank- und Ständerschleifmaschinen.

Bei Bank- und Ständerschleifmaschinen besteht ein unmittelbarer Zusammenhang zwischen Schleifscheibe und elektrischem Antrieb. Sie sind in einem Ständer oder Fundament gelagert, und die Werkstücke, meist kleine Teile, werden zur Bearbeitung von Hand herangebracht. Sie dienen zum Schleifen und Polieren von Einzelteilen.

Sie werden im Gegensatz zu den Hand- und Supportschleifmotoren ortsfest gebraucht, können jedoch infolge ihrer Eigenart auch leicht ohne besondere Fundamentierung bei Bedarf umgestellt werden. Sie können eingeteilt werden in Bank- und Tischschleifmaschinen mit unter den Motor gegossenem Fuß zum Aufstellen auf Werktischen, Wandträgern und dgl. (Abb. 73) und in Ständerschleifmaschinen mit Säulenfuß oder hohem Sockel für eine sitzende oder stehende Bearbeitung mit einer Spitzenhöhe von etwa 600 bis 900 mm (Abb. 74).

Die Bank- und Tischschleifmaschinen dienen zur Massenbearbeitung kleinerer Gegenstände, zum Werkzeugschleifen, zur Herstellung metallographischer Schliffe

Abb. 73. Bankschleifmaschine mit Auflage und Spiralbohrerschleifeinrichtung.

Abb. 74. Werkzeug-Schleifbock.

und dgl. Sie werden für Scheibendurchmesser bis etwa 200 mm und für eine Leistung bis etwa 1,5 PS gebaut.

Ständerschleifmaschinen finden ähnliche Verwendung, doch werden sie auch in schwerer Ausführung als Schleifböcke für Bearbeitung großer Stücke ausgeführt. Es kommen Arbeiten, wie Gußputzen, Abgraten, Verputzen, Schleifen, Schmirgeln, Rauhen, Polieren, Putzen, Bürsten, Kratzen, Schwabbeln usw. in Betracht.

Die üblichen Abmessungen solcher Motoren sind in der untenstehenden Zahlentafel 16 enthalten, die an Hand der gebräuchlichsten Scheibendurchmesser und auf Grund der Unterlagen von 4 deutschen und 4 amerikanischen Firmen zusammengestellt ist.

Zahlentafel 16. Über Bank- und Ständerschleifmotoren (Abb. 73 u. 74). Grenz- und Mittelwerte $v = 25$ bzw. 35 m/Sek. zulässig, vgl. VDE 36, § 8.)

Schleifscheiben		Drehzahlen		Motorleistung		Gewichte	
Durchmesser mm	Breite mm	Grenzwerte Umdr./Min.	Mittelwert Umdr./Min.	Grenzwerte Watt	Mittelwert Watt	Grenzwerte kg	Mittelwert kg
150	10—30	2400—4200	3300	180—375	254	10—27	17,6
200	10—35	2800—3600	3170	360—740	474	25—43	33,0
250	25	1750—2100	1900	725	725	44—47,5	45,5
300	38,5—40	1400—1800	1600	750—900	825		
350	40	1500	1500	1480	1480	70	70

c) Polieren und Schwabbeln.

Die Schleifspindeln werden als verlängerte Motorwellen ausgeführt, und zwar nach einer oder auch nach beiden Seiten, was den Vorzug hat, daß 2 sich ergänzende Schleif- oder Polierscheiben aufgesetzt werden können. Die Schleifdorne müssen so ausgebildet sein, daß verschiedenartige Scheiben zum Schleifen, Polieren, Schwabbeln, Bürsten, Kratzen, Rauhen und dgl. leicht aufgesetzt werden können. Im allgemeinen werden die Schleifscheiben direkt auf die Motorwelle möglichst nahe beim Lager aufgesetzt, während für Polier- und Schwabbelscheiben, an die kantige Arbeitsstücke zugeführt

Abb. 75. Bankschleifmaschine mit Polierspitze und Schwabbelscheibe.

werden sollen, eine Polierspitze zur Verlängerung des Abstandes vom Lager auf die Motorwelle aufgeschraubt wird (Abb. 75), wobei auf die Drehrichtung sowie auf Rundlaufen besonders zu achten ist.

Die Arbeitsstücke werden aus freier Hand herangebracht. Als Auflage dienen im Fuß schwenkbar und ausziehbar angeordnete Bügel oder Tische von mannigfacher Gestaltung, die sowohl eine Bearbeitung am Umfang als auch an der Breitseite der Scheibe (Diskus) zulassen. Zum Schleifen von Spiralbohrern werden häufig unter dem gewünschten Winkel schwenkbare Auflagen vorgesehen, die ein selbsttätiges Anschleifen stets gleicher Winkel gewährleisten (Abb. 73).

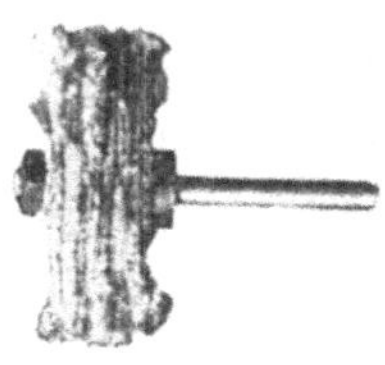

Abb. 76. Schwabbelscheibe.

Wichtig ist weiter ein einwandfreies Absaugen des Schleifstaubes und je nach dem zu bearbeitenden Material ein Schutz des Bedienungspersonals durch Aufsetzen von Schutzbrillen für die Augen und von Luftfiltern für Nase und Mund. Die Absaugrohre werden gewöhnlich in die Schutzvorrichtung eingebaut, ebenso erfolgt von dort aus beim Naßschliff die Wasserzufuhr.

Zum Polieren dienen Filz- und Schwabbelscheiben sowie Bürsten. Die Glanzwirkung wird durch aufgeleimten Schmirgelstaub, Bimssteinmehl, Schlemmkreide mit Öl, Aluminiumoxyd, Quarzsand, Polierpasten und dgl. erhöht.

Abb. 77. Polierkörper aus Filz.

Die Schwabbelscheiben (Abb. 76) bestehen aus Lappen von Tuch oder Stoff, wie Seide, Nessel, Wolle und dgl., oder aus Leder, insbesondere Büffel- oder Walroßleder. Um den weichen Scheiben genügend Halt zu geben, sind hier Umfangsgeschwindigkeiten bis zu 50 m/Sek. üblich.

Ein besonderes Gebiet bildet das Schmirgeln. Es werden alle Formen von Filzkörpern, Polierhölzern (Abb. 77) und elastischen Scheiben, die sich der Rundung des Werkstückes anpassen, mit Schmirgelbelag gröbster und feinster Körnung versehen, d. h. mit Leim oder Schmirgelpulver getränkt. Das zu polierende Metall ist ebenfalls mit Öl oder Schmirgel für Feinpolitur zu bestreichen.

Als Schmirgelbelag für alle harten Metalle, wie Stahl, Eisen, Temper- und schmiedbaren Guß, sowie Zement, Glas u. dgl. eignet sich Aloxite, für alle weichen Metalle dagegen, wie Aluminium, Blei, Bronze, Kupfer, Messing, ferner für Grauguß, sowie gewisse Holzarten, z. B. Eiche, Esche, Ahorn, ferner dazu für Horn, Galalith, Gummi, Perlmutter u. dgl. ist Karborundumbelag zu wählen.

Für Erzeugung eines schönen Holzschliffes ist Granat das beste Schleifmittel.

Abb. 78. Stahldrahtbürste.

Auch die Polierbürsten werden in verschiedenen Formen, wie Scheibe, Kegel, Walzen oder Finger, angewendet.

Zum Polieren werden sie mit Borsten aus Fiber, Wolle, Tierhaaren (z. B. Schweinsborsten) versehen, für Reinigungsarbeiten aus Stahldraht (Abb. 78) hergestellt; sie dienen zum Abbürsten, Verputzen und Reinigen von Gefäßen, Blechen, Rohren aus Metall oder Stein, sowie zum Mattieren von gewichstem Holz u. dgl., auch zur Beseitigung von Rost oder Oxydniederschlägen. Sie werden gewöhnlich wie die Schleifscheiben eingespannt, und es ist wichtig, für jeden Verwendungszweck die richtige Härte des Drahtes oder der Bürste zu wählen. Im allgemeinen sind dieselben Umfangsgeschwindigkeiten wie bei Polier- und Schwabbelscheiben üblich. Zum Bürsten und Putzen von Rost sind etwa 1500 Umdr./Min. zweckmäßig. Es gibt deshalb auch von 3000 auf 1500 Umdr./Min. umschaltbare Motoren zur abwechselnden Verwendung von Schleif- und Polierscheiben oder Bürsten (Obermoser).

E. Elektrosägen.

Die Elektrosägen zerfallen in 4 Gruppen:

I. Kreissägen, III. Bügel- oder Bogensägen,
II. Bandsägen, IV. Kettensägen.

Sie dienen zum Ersatz aller Handsägearbeiten in Holz und Metall sowie Preßmaterial, Leder, Filz und ähnlichen Stoffen, die bisher mit Handsäge, Zimmersäge, Bügel- oder Bogensäge, Fuchsschwanz, Absetzsäge oder auch Scheren ausgeführt wurden und lassen (mit Ausnahme der Bügelsäge) an die Stelle der hin- und hergehenden Sägebewegung eine einfache geradlinige Trennbewegung treten. Dadurch ergibt sich auch dort eine Benutzungsmöglichkeit, wo die Handsäge infolge Raummangels nicht mehr verwendbar ist. Die Mehrleistung gegenüber Handarbeit beträgt etwa ein 4- bis 6faches.

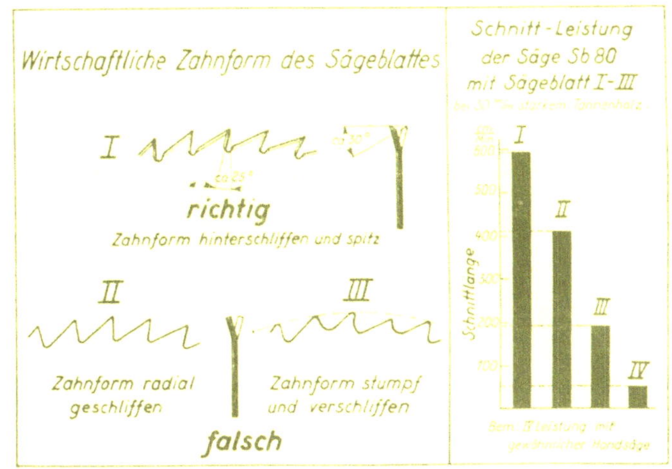

Abb. 79. Einfluß der Zahnform des Sägeblattes auf die Sägeleistung bei Wolfszahn.

a) Sägeblätter und Schutzvorrichtungen.

Sägeblätter. Wichtig bei allen Sägen ist einwandfreie Beschaffenheit der Sägeblätter, bei denen die einzelnen Zähne für Holzbearbeitung geschränkt sein müssen, damit das Sägeblatt im Schnitt nicht klemmt. Mit einem stumpfen Sägeblatt fällt die Leistung rasch auf $^1/_4$ bis $^1/_3$ der normalen (Abb. 79). Wichtig ist stets eine leichte Auswechselbarkeit des Sägeblatts.

Über Zahnform und richtigen Anschliff sind vom AWF Nr. 51, auf Grund der Versuche von Professor Schmitz der Technischen Hochschule Braunschweig, Richtlinien bei Holzlängsschnitt herausgegeben worden. Die Ergebnisse der Metallbearbeitung dürfen nicht ohne weiteres auf die Holzbearbeitung übertragen werden, da Holz ein in keiner Weise homogener Werkstoff ist.

Als Zahnungen werden im allgemeinen verwendet: Spitzwinkelzahn, Wolfszahn und Hakenzahn (Abb. 80).

Der Spitzwinkelzahn eignet sich besonders für Weichholz, der Wolfszahn mehr für Hartholz. Der Hakenzahn, bei dem maschinelles Schärfen Schwierigkeiten macht, ist in Amerika mehr verbreitet als bei uns.

Neben der Zahnteilung ist auch Schränkung und Schliffart von Einfluß. Blätter mit Geradschliff schneiden sauberer als solche mit Schrägschliff, haben aber den Nachteil, daß sie die Schränkung verlieren, verharzen und schließlich zu brennen beginnen. Der Schrägschliff besitzt größere Lebensdauer und längere Schneidhaltigkeit gegenüber Geradschliff und schneidet frei, so daß kein Klemmen eintreten kann. Den Anschrägwinkel wähle man von etwa 25 bis 30° (Abb. 79). Kleinerer Anschrägwinkel als 25° erfordert großen Vorschubdruck. Großer Anschrägwinkel verursacht Schwächung der Spitze, unsaubere Schnittfläche und stärkere Abnutzung.

Für die Schnittgeschwindigkeit sind bei allen Sägeleistungen weite Grenzen zu ziehen. Einige gebräuchliche Werte sind in der folgenden Zahlentafel 17 enthalten.

Zahlentafel 17. Über Schnittgeschwindigkeiten bei Sägen.

	Holz und ähnl. Stoffe v = m/Sek.	Eisen v = m/Min.
Handkreissägen	8—30	—
Ortsfeste Kreissägen	40—70	—
Bandsägen	20—32	13
Bügelsägen ohne Wasserzufuhr	—	15
Bügelsägen mit Wasserzufuhr	—	30

Die Umfangsgeschwindigkeit ist abhängig von Werkstoff, Stärke und Verzahnung der Kreissäge. Für Stahl und Eisen verwendet man Kühlwasser; Messing und weiche Werkstoffe können dagegen trocken gesägt werden.

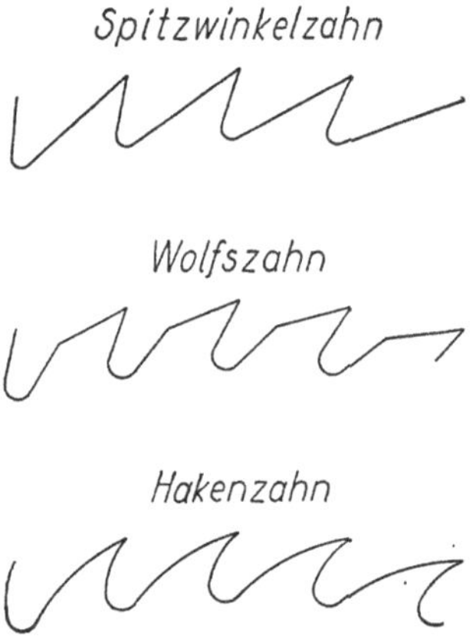

Der Überstand des Sägeblatts über die Holzstärke soll etwa 5 mm betragen, damit sich bei mäßigem Vorschubdruck eine saubere Schnittfläche ergibt. Die Schnitttiefe wird daher bei Kreissägen meist verstellbar angeordnet.

Die Richtlinien für die Metallkreissägen sind nach DIN 135 und 136 festgelegt. (Man achte auf sorgfältige Befestigung des Blattes auf dem Dorn, sonst lockert sich die Säge, und die Zähne brechen aus.)

Spitzwinkelzahn

Wolfszahn

Hakenzahn

Abb. 80. Zahnformen.

Bei den Bandsägeblättern unterscheidet man

Blattbreite,
Blattdicke und
Zahnweite.

Von der südwestdeutschen Holzberufsgenossenschaft ist über Bandsägeblätter ein Merkblatt mit 16 Geboten herausgegeben worden, in dem über Schärfen und Schränkung u. a. folgendes angegeben ist:

Sorge für gute und richtige Lötung des Blattes und beachte hierbei insbesondere, daß:
die zusammenzulötenden Sägeblattenden im Rücken genau in einer Linie liegen,
die Lötstelle genau dieselbe Dicke aufweist wie das Sägeblatt selbst.

Benütze zum Schärfen der Sägen nur Feilen mit angerundeten Kanten, damit der Zahngrund rund wird.

Richte das Sägeblatt nach dem Schärfen aus und überzeuge dich, daß die Zähne gleich lang sind.

Schränke die Zähne gleichmäßig, merke dir aber, daß die Zähne an der Lötstelle nicht geschränkt werden dürfen.

An allen Sägen müssen nach den Unfallverhütungsvorschriften Schutzvorrichtungen vorgesehen sein. Diese sollen das Sägeblatt bei Kreis- und Bandsägen möglichst so weit umgeben, als dies die Schnittiefe zuläßt, so daß nur das Gesichtsfeld für den Schnitt frei bleibt.

Die Ausführung der Motoren und der übrigen elektrischen Teile entspricht der der normalen Elektrowerkzeuge. Die Schalter sollen in Reichweite des Arbeiters, möglichst an der Maschine, angebracht werden.

I. Kreissägen.

Die Kreissägen dienen vorwiegend für die Holzbearbeitung auf Zimmerplätzen, in Schreinerei- und Tischlereibetrieben, auf Packplätzen und beim Bau von Verschalungen an Eisenbeton, Wagen und Karosserien, also überall dort, wo Bretter und Hölzer aller Art zugeschnitten werden müssen. Sie werden ortsbeweglich als Motorhandsägen ausgeführt.

a) Motorhandsägen.

Die Motorhandsägen (Abb. 81 und 82) ähneln in Bau und Handhabung den Handbohrmaschinen. Ihre Bedienung erfolgt aus freier Hand. Das Kreissägeblatt wird unter Zwischenschaltung eines einfachen Rädervorgeleges bzw. eines Schneckengetriebes unmittelbar mit der Welle des Antriebsmotors verbunden. Vorgelege, Sägeblatt und Schutzvorrichtung sind gewöhnlich in einem Aluminiumgehäuse gelagert. Zur Führung und Betätigung dient ein einfacher Haltegriff, in dessen nächster Nähe der Schalter angeordnet ist. Dieser Haltegriff soll sich möglichst nahe beim Sägeblatt befinden, damit die ganze Säge leicht und einfach gelenkt werden kann. Die Haltung ist dabei ähnlich wie beim Bedienen einer gewöhnlichen Handsäge, so daß die Arbeit keinerlei körperliche Anstrengung erfordert.

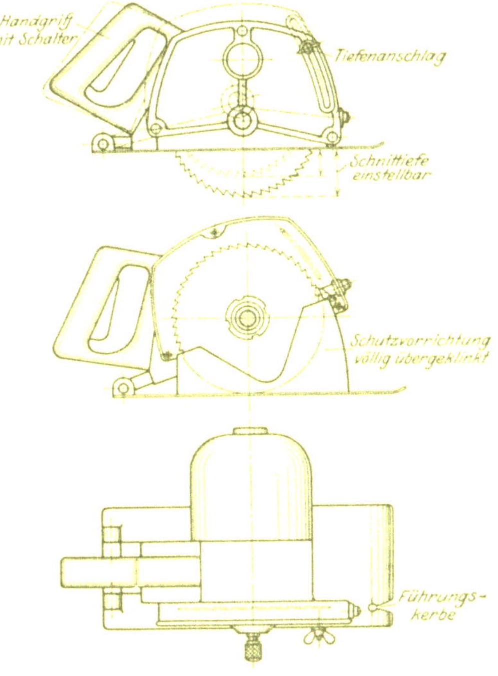

Abb. 81. Motorhandsäge. Ansicht.

Zum Sägen ist an der Maschine eine nach der Schnittiefe einstellbare Auflageschiene angeordnet, die meist mit der Schutzvorrichtung verbunden ist und beim Abheben der Säge vom Brett selbsttätig über das Sägeblatt klappt, so daß keine Möglichkeit besteht, in das umlaufende Sägeblatt zu greifen.

Weiter befindet sich in der Auflageschiene eine Kerbe oder ein Schlitz zum Einhalten der vorgezeichneten Schnittlinie. Bei manchen Ausführungen können an dieser Schiene noch Anschläge oder Führungsteile zum Sägen von Leisten und dgl. angebracht werden. Ein Schrägstellen der Auflage für schräge Schnitte oder Gehrungen empfiehlt sich nicht, da die Maschine sonst als Handwerkzeug zu umständlich würde. Wichtig ist dagegen die Einstellung der Schnittiefe für Fälle, bei denen Bretter wegen Überhang nicht ganz durchgesägt werden dürfen (Abb. 82). (Vgl. Absetzsäge.)

Das Gehäuse wird wie die Auflageschiene und die übrigen Teile aus Leichtmetall hergestellt. Die Formgebung ist derartig, daß sich die Späne nirgends festsetzen können.

Zum Antrieb sind Universalmotoren für Gleich- und Einphasenwechselstrom üblich, für höhere Leistungen dagegen Gleich- und Drehstrommotoren. Ab und zu werden auch Handbohrmaschinen durch Anbringen von Führungen und dergleichen Zubehör so eingerichtet, daß sie als Handsäge verwendet werden können. In der Praxis werden solche Maschinen jedoch meist nur für einen einzigen Zweck benutzt.

Als Handkreissägen (Gratsägen) zum Einsägen von schrägen und geraden Nuten dienen auch kleine Handbohrmaschinen mit Sägeblatt und nach Höhe und Seite verstellbaren Auflageschienen. Nach Drescher und Klatt werden mit einer Maschine 326 Nuten von 240×5×5 mm je Stunde geschnitten, mit dem Handnutenhobel dagegen nur 77 Nuten/Std., wobei schon nach der 30. Nute ein Leistungsabfall durch Ermüdung von etwa 50 vH festgestellt werden kann.

Abb. 82. Anwendung der Motorhandsäge auf dem Zimmerplatz.

Über die gebräuchlichsten Abmessungen, Drehzahlen und dgl. gibt die nachstehende Zahlentafel 18 Aufschluß, die an Hand der Leistung bei verschiedenen Sägeblattdurchmessern und auf Grund der Unterlagen von 2 deutschen und 3 amerikanischen Firmen zusammengestellt ist.

Leistungsangaben über Holzsägen sind deshalb schwierig zu machen, weil infolge der Verschiedenheit des Holzes, des Andrucks und des Sägeblatts sehr weite Grenzen in der Leistung zu ziehen sind. In der folgenden Zahlentafel 19 sind einige Ergebnisse in ihren Grenzen zusammengestellt, die mit 4 verschiedenen, für bis 40 mm Schnittiefen bestimmten Motorhandsägen in annähernd gleich beschaffenem, trockenem Holz quer zur Faser erzielt wurden.

Zahlentafel 18. Über Handkreissägen.

Sägeblattdurchmesser in mm	Brettstärke in mm	Drehzahl/Min.	Motorleistung in Watt	Gewicht in kg
115	8	1500	100	4,5
150	20—45	1000—2000	150—200	5—7
180—200	40—70	1000—1500	150—370	7—11,5
275	bis 100	1300	500	18—20

Zahlentafel 19. Über Sägeleistungen.

Brettstärke in mm	Leistungen			
	Handsäge		Motorhandsäge	
	Tanne cm/Min.	Eiche cm/Min.	Tanne cm/Min.	Eiche cm/Min.
15	100	65	360—800	140—600
20	70	45	200—650	100—400
30	45	25—30	125—430	45—300
40	35	—	80—320	—

Von Drescher & Klatt wurden in der illustrierten Elektrowoche 1922, Heft 2, Versuche und Bewegungsstudien veröffentlicht, in denen zwischen Handsäge, Motorhandsäge und Tischkreissäge die Leistungen verglichen werden. Dabei wurde die Zahl der Bewegungen durch Lichtpunkte anschaulich gemacht. Sie erhielten dabei für je 20 Schnitte 1250×30 mm längs zur Faser folgende Zeiten:

	Handtrennsägen	Motorhandsäge	Tischkreissäge
Arbeitszeit für 20 Schnitte in Minuten	32,45	8,06	6,25
Ermüdung zwischen dem 11. u. 20. Brett in vH	18,5	7,7	6,5
Verhältnis der Leistungen zueinander	1 :	4 :	5,2

Einzelne Ausführungen können auch mit verschiedenen Drehzahlen umschaltbar ausgerüstet werden, z. B. mit 4300 Umdr./Min. zum Sägen von Holz und mit 1250 Umdr./Min. zum Sägen von Isoliermaterial, Bleibarren, Kupferschienen, Messingblechen und anderen Weichmetallen. Zu diesen Maschinen gehören auch Pendelsägen, die an einem großen schwenkbaren Arm über der Werkbank gelagert sind. Sie dienen hauptsächlich zum Zuschneiden von Brettern auf Holzplätzen. Das Sägeblatt sitzt dabei entweder unmittelbar auf der Motorwelle, oder es wird durch einen Riemen vom Motor aus angetrieben, wobei der Motor auch im Drehpunkt des Schwenkarmes sitzen kann. Es gibt auch Abkürzsägen, die auf einem Führungsgestell seitlich und in der Höhe verstellbar sind.

Weiter sei erwähnt, daß Kreissägen heute auch vielfach als Trennsägen für die Metallbearbeitung Verwendung finden. Dabei ist zu berücksichtigen, daß eine erheblich höhere Antriebsleitung als bei Holzbearbeitung oder bei Bügelsägen für Metallbearbeitung erforderlich ist. Statt Sägeblättern finden bei Trennsägen auch Schneidescheiben aus besonderem Stahl und mit Schmirgel- oder Diamantbelag Verwendung. Im allgemeinen werden Trennscheiben nur als große Hochleistungsmaschinen ausgeführt, die nicht zu diesen kleineren, beweglichen Sägen gehören.

Abb. 83. Tischkreissäge mit schräggestellter Tischplatte.

b) Ortsfeste Motorkreissägen.

Die ortsfesten Motorkreissägen (Abb. 83) bestehen aus einem Tischgestell aus Holz oder Guß mit eingebautem Sägemotor. Der Antrieb des Sägeblatts erfolgt ebenfalls über ein Vorgelege. Es gibt auch Anordnungen, bei denen unter eine Hobelbank eine einfache Handbohrmaschine mit Sägeblatt oder Holzfräser geflanscht wird. (S. S. W.)

Der Motor ist nach der Höhe verschiebbar zum Einstellen der Schnittiefe, während der Sägetisch seitlich schwenkbar ist zum Sägen von Gehrungen, schrägen Flächen, Nuten und dgl. (Abb. 83). Außerdem befinden sich auf dem Tisch wie bei den großen, ortsfesten Maschinen Anschläge und Parallelführung für die verschiedensten Zwecke. Zum Sägen von Nuten und Schlitzen wird ab und zu auch das Sägeblatt schwankend angeordnet. Die leichten Tischkreissägen weisen entsprechend den ortsfesten Schleifmotoren eine höhere Schnittgeschwindigkeit als die Handsägen auf, wie aus Zahlentafel 20 hervorgeht:

Zahlentafel 20. Über Tischkreissägen.

Sägeblatt-Ø in mm	Brettstärke in mm	Drehzahl je Min.	Schnitt-geschwindig-keit in m/Sek.	Motorleistung in Watt	Gewicht in kg
125—300	30—100	1500—4300	10—65	100—750	13—90

II. Bandsägen.

Die Tischbandsägen (Abb. 84) sind in ihrem äußeren Aufbau eine kleine Ausführung der großen Werkstattsägen bei einem Gewicht von nur etwa 75 kg und können infolgedessen leicht umgestellt werden. Sie eignen sich für kleinere Betriebe und Werkstätten, sowie Bauplätze, wo häufig Umstellungen nötig sind. Außer Holz können auch Stoffe, wie Leder, Filz, Tuch, Fiber, Horn und dgl., sowie schwache Metallbleche je nach Wahl des Sägeblatts geschnitten werden. Im Gegensatz zu den Tischkreissägen sind sie nicht nur für gerade Schnitte, sondern auch zum Sägen von Kurven aller Art geeignet (vgl. Laubsäge).

Abb. 84. Leichte Tischbandsäge.

Der Motor ist in einem Gußgehäuse durch ein Scharnier gelagert, so daß die unmittelbar auf der Vorgelegewelle des Motors aufgesetzte Sägetrommel zum Spannen des Sägeblatts verstellbar ist. Der Lauf der Sägebänder läßt sich genau auf die Mitte des Trommelumfangs verlegen. Die Tischplatte mit Anschlägen kann ebenfalls zum Sägen von Gehrungen bis zu 45° durch ein halbkreisförmiges Lager verstellt werden. Als Anhalt über den Zusammenhang zwischen Drehzahlen und Leistungen mögen folgende Angaben der Zahlentafel 21 dienen:

Zahlentafel 21. Über leichte Tischbandsägen.

Motor-leistung in Watt	Werkstoff	Drehzahl der Säge-trommel je Min.	Säge-blatt-breite in mm	Durchlaß		Gewicht in kg
				Breite in mm	Höhe in mm	
300—400	Flußeisenprofile u. Eisenblech bis 30 mm Stärke	58	6—12	300	150	83—90
	Holz	100				
	Weichmetall	250				

Als Anhalt über die Schnittgeschwindigkeiten mögen folgende Angaben dienen:

Zahlentafel 22. Über Bandsägevorschub.

Werkstoff	Dicke in mm	Vorschub in cm/Min.
Hartholz . . .	60	60—120
Weichholz . .	120	30
Messingguß . .	20	30
Blei	20	32
Rundkupfer .	20	18,5
Eisenblech . .	6	9,0

Für die einzelnen Werkstoffe ist jeweils die dazugehörige Drehzahl zu beachten.

Motor und Schalter dieser Sägen entsprechen den Ausführungen der staubdicht gekapselten Schleifmotoren.

III. Bügelsägen.

Die Bügel- oder Bogensägen (Abb. 85) dienen im Gegensatz zu den Kreis- und Bandsägen vorwiegend der Metallbearbeitung. Die Bügelausführung beansprucht wesentlich weniger Kraft als das Kreissägeblatt. Da das Sägeblatt sehr schmal gehalten werden kann, ist der Materialverlust äußerst gering, so daß Blattsägen besonders für hochwertige Stähle Verwendung finden. Sie werden in einem Gußgestell so leicht gebaut, daß sie in Werkstätten und Lagerplätzen von Hand umgestellt werden können. Sie ersparen dadurch die Beförderung des Materials, wie Träger, Schienen, Röhren und Profile aus Eisen, Stahl, Messing usw.

Abb. 85. Leicht umstellbare Bügelschnellsäge.

Man unterscheidet trocken arbeitende Sägen und Schnellsägen mit Wasserpumpe und Kühlung.

Der Motor ist im Fuße des Gußgestells gelagert und treibt ein Kurbelgetriebe des Sägebügels durch Riemen, Zahnrad oder Schneckenübersetzung an. Die Führung des Sägebügels muß breit und kräftig sein und wird schwalbenschwanzartig ausgebildet. Die Hublänge läßt sich am Exzenter verstellen. Auf dem Bügel wird häufig ein Belastungsgewicht zum Ändern des Sägedruckes angeordnet. Nach Vollendung des Schnitts rückt der Sägebogen selbsttätig aus.

Das Einspannen der Werkstücke erfolgt durch einen Schraubstock, der sich unter dem Säge(blatt)bügel befindet. Mit besonderen Vorrichtungen lassen sich mehrere gleich große Arbeitsstücke in einem Arbeitsgang einspannen, so daß eine recht gute Leistung erzielt wird. Die Sägezeit beträgt in Stahl von 50 kg/mm^2 Festigkeit für einen Stangendurchmesser von 50 mm bei einer

einfachen Säge mit 250 Watt Leistung, 1500 Umdr. (Masch.-Gewicht 125 kg), etwa 10 Min.,
Schnellsäge „ 500 „ „ 3000 „ (Masch.-Gewicht 155 kg), „ 5 „

während von Hand für diese Leistung etwa 30 Minuten benötigt werden. Es wird also das 3- bis 6fache der Handleistung erzielt.

IV. Kettensägen.

Die Kettensägen zum Ablängen und Absägen von Stämmen, Leitungsmasten, zum Schifter- und Kervenschneiden an Balken sind erst etwa 1927 bekannt geworden. Sie können auch bei großen Schnittiefen arbeiten, wie sie z. B. bei Motorhandsägen mit Kreissägeblatt nicht zu erzielen sind. Dazu sind sie ortsbeweglich, so daß die Stämme nicht auf eine ortsfeste Balkensäge gebracht werden müssen.

Sie bestehen aus einem Antriebsmotor mit Vorgelege, einer Schiene und einem Gegenhandgriff, so daß sie, wie die Zimmermannsägen an den Balken herangebracht werden können. Zur Bedienung sind 2 Mann erforderlich (Abb. 86).

Die eigentliche Sägevorrichtung besteht aus der Sägekette, deren Glieder sich aus geschränktem Sägeglied und Säumerglied zusammensetzen in ähnlicher Weise wie die Fräsketten der Kettenfräsen. Die Ketten sind jedoch länger und schmäler.

Eine einwandfreie Beschaffenheit der Kettenglieder ist für die Lebensdauer der Maschine äußerst wichtig. Das Schärfen der Sägekette erfolgt durch Feile oder Schleifscheibe, gewöhnlich durch Hängemotor mit biegsamer Welle und Tellerscheibe.

Die Führungsschiene ist oben und unten mit einer Führungsnut für die Kette versehen, wodurch ein Verlaufen der Kette beim Sägen verhindert wird. Die Sägekette gibt einen geraden und sauberen Schnitt. Die Schmierung geschieht durch eine am Kettenschutzkasten angebrachte selbsttätige Einrichtung. Im Traggriff ist an der Führungsschiene ein Kettenspanner angebracht.

Abb. 86. Kettensäge beim Durchsägen eines Baumstamms.

Für Schnittlängen über 750 mm wird bei einzelnen Ausführungen über der Kette zur Versteifung und zum Schutz eine Leiste angeordnet. Es gibt auch Anordnungen, wo zur Erhöhung der Leistung und zur gleichmäßigen Gewichtsverteilung auf jeder Seite der Sägeschiene ein Antriebsmotor angebracht ist. Dabei sind beide Motoren gemeinsam geschaltet (Schmaltz).

Mit solchen Kettensägen selbst läßt sich eine 6- bis 20fache Mehrleistung gegenüber Handarbeit erzielen. Die Schnittlänge geht von 500 bis 2000 mm mit Antriebsleistungen von 1,5 bis 4,5 kW. Die Kettensägen werden häufiger durch einen Verbrennungsmotor, statt durch einen Elektromotor angetrieben, da sie an Stellen verwendet werden müssen, wo keinerlei Kraftstrom oder elektrische Anlage zur Verfügung steht, wie z. B. im Wald. Als Leistungsbeispiel sei angegeben, daß zwei Holzfäller mit der Handsäge und Axt etwa pro Tag 10 Festmeter Holz fällen, während 2 Holzfäller mit einer solchen Kettensäge 100 bis 120 Festmeter zu leisten imstande sind. Ein Stamm von 600 mm Durchmesser wird in etwa 40 Sek. durchsägt.

F. Holzfräsmaschinen.

Die Holzfräsmaschinen unterscheiden sich nach ihren Werkzeugen in

I. Maschinen mit Zapfenfräsern (Abb. 87 und 88) und
II. „ „ Kettenfräsern (Abb. 89 bis 90).

Sie haben folgende Aufgaben zu erfüllen:

1. Fräsen von Treppenwangen, Trittlöchern, Zinken und Profilnuten in Bauholz, Rahmen, Fensterwinkel und dergleichen.

2. Fräsen von Zapfen-, Dollen- und Dübellöchern, Kerb- und Kropfhöhlungen für Balkenverbindungen mit Zapfenfräsern, Kettenfräsern und Bohrmaschinen.

3. Bohren von Binder- und anderen Löchern in Bauholz.

Da alle diese Arbeiten auf den Zimmerplätzen vorkommen, so wurden solche Holzfräsen universal zur Verwendung für alle 3 Zwecke entwickelt neben Sondermaschinen, die (vorzugsweise in Großbetrieben) nur für einen Zweck bestimmt sind.

I. Maschinen mit Zapfenfräsen.

Zum Fräsen von Treppenwangen und dgl. eignet sich am besten eine Drehzahl von 3000 bis 4000 Umdr./Min., bei der die Fräser unmittelbar auf die Motorwelle aufgesetzt werden können (Abb. 87).

Maschinen mit Vorgelege (meist Handbohrmaschinen) werden seltener dazu verwendet. Der Schalter befindet sich an einem der Handgriffe und schaltet zweckmäßigerweise beim Loslassen selbsttätig ab. Zum Abblasen der Späne aus der Nut befindet sich gewöhnlich unmittelbar über dem Fräser ein Ventilationsflügel, der die Arbeitsstelle von Spänen freihält.

Abb. 87. Treppenwangenfräsmaschine mit Zapfenfräser und aufsetzbarer Schiene.

Als Fräser sind einfache Zwei- oder auch Mehrschneider üblich, ebenso Walzenfräser mit Durchmessern von etwa 35 bis 60 mm. Dabei hat der Zweischneider infolge seiner einfachen Form den Vorzug, daß er auch vom Zimmermann leicht nachgeschliffen werden kann. Wichtig ist einfache Auswechselbarkeit, ferner ist darauf zu achten, daß die Fräser stets scharf sind.

Als Anhalt für die Abmessungen solcher Holzfräsmaschinen mögen folgende Angaben (Zahlentafel 23) dienen, die auf Grund der Unterlagen von 8 Herstellern zusammengestellt sind:

Zahlentafel 23. Über Holzfräsen.

Motorleistung in Watt	Drehzahl n/Min.	Gesamtgewicht in kg	Größte Schlitztiefe in mm	Größte Schlitzbreite
370—1100	1500—4000	30—190	etwa 100	beliebig

Die Maschinen bestehen aus Antriebsmotor und Führungsgestell. Letzteres besteht aus einem Rahmen, einer Säule oder einer Schablone von Profileisen, die auf Brett oder Balken entsprechend den angerissenen Nuten aufgesetzt wird (Abb. 88). Auf dem Rahmen wird ein durch Rollen beweglicher Schlitten oder ein Dreharm aufgebaut, in dem der Fräsmotor gelagert ist, und zwar so, daß er nach Richtung, Länge, Tiefe und Breite der Nut unter Benutzung von Anschlägen eingestellt werden kann. Die Vorrichtungen für die Verstellbarkeit sind außerordentlich mannigfach und den Herstellern häufig geschützt. Zu erwähnen sind Rollen und Schienen, Schraube und Handrad, Exzenter, supportartige Schwalbenschwanzführungen und dergleichen mehr. Entsprechend der Vielseitigkeit in der Anwendung ergibt sich oft ein unruhiges, durch viele angeflanschte Teile gestörtes Gesamtbild der Maschine. Die Mehrleistung gegen Handarbeit beträgt beim Treppenwangenfräsen etwa das 2- bis 3fache, bei ortsfesten Maschinen (Abb. 88) entsprechend mehr. Trittlöcher in Treppenwangen werden in jeder beliebigen Form nach den Tritten gefräst. Nacharbeit von Hand ist nicht nötig. Zu einem Trittloch 25 cm lang, 4 cm breit, 2,5 cm tief, braucht man etwa 90 Sekunden, von Hand dagegen 900 Sekunden.

Eine Abart dieser Fräsen sind Sondermodelle für Zinkenfräsen an Rahmen und Schubladen, für Fensterwinkel und dgl. Auf die Frässpindel können auch Sägeblätter aufgesetzt werden, doch ist dies eine gefährliche Sache.

II. Maschinen mit Fräsketten.

Zum Kettenfräsen sitzt der Motor mit wagrechter Achse, d. h. parallel über dem Balken im Gegensatz zum Treppenwangenfräsen, wo er senkrecht steht wie bei einer Tischbohrmaschine (Abb. 88). Am vorderen Lagerschild des Motors ist eine Führungsschiene für die Fräskette angeschraubt, die durch ein auf der Motorwelle sitzendes Kettenrad angetrieben wird. Die Fräskette ist 2- oder 3teilig und je nach der Motorstärke beliebig breit.

Abb. 88. Treppenwangenfräse ortsfest.

Der Fräsmotor sitzt auf einem durch 2 Stangen gehaltenen Rahmen mit seitlichem Anschlag an den Balken. Gefräst wird, indem man den Motor am Handgriff aufund abzieht und bei jedem Hochgehen um die Kettenbreite weiterrückt (Abb. 89). Man erzielt auf diese Weise eine 6- bis 7fache Mehrleistung gegenüber dem Handarbeitsverfahren. Die kleinste Frästiefe liegt bei 30 mm, die größte bei 100 mm. Die Zapfenlöcher werden rechteckig, im Grunde bleiben sie gerundet. Zu einem Loch 10 cm lang, 5 cm breit, 10 cm tief braucht man etwa 50 Sekunden. Zu 15 cm lang, 4 cm breit, 80 cm tief 60 Sekunden, von Hand dagegen hierzu 480 Sekunden.

Man kann unter Zuhilfenahme entsprechender Fräsvorrichtungen mit einer solchen Kettenfräse noch folgende Zimmereiarbeiten durchführen:

1. Fräsen von Kerven (Abb. 90). Ein Umspannen bei beiden Schnitten ist nicht nötig. Die Stellplatte des Fräsmotors wird mit einem Anschlag entsprechend dem zu fräsenden Winkel, der nach Anriß eingestellt wird, auf den Balken aufgesetzt.

2. Ausschneiden von Zapfen längs und quer zur Faser (Abb. 90). Die Maschine wird für diese Arbeit kreisförmig und um 90° schwenkbar gelagert und durch Anbringen von Anschlägen und Hilfsschienen auf dem Grundgestell befestigt, so daß ein Umspannen nicht notwendig wird.

3. Abplatten an Balken, wobei zuerst 2 Begrenzungsschnitte quer und dann das Fräsen längs der Faser ausgeführt wird.

4. Rechtwinklig oder beliebig schräges Ablängen der Balken. Für die Gehrungsschnitte ist eine segmentartige Spannvorrichtung zum Einhalten des Winkels notwendig.

Fräsketten sind heute schon mehr verbreitet als Zapfenfräser zum Fräsen von Zapfenlöchern bei Balkenverbindungen. Die Fräsketten sind 2- bis 5teilig und haben eine Breite von 6 bis 30 mm. Sie sind aus hochwertigem Stahl hergestellt, und jedes einzelne Glied ist im Gegensatz zu anderen Werkzeugen in sich beweglich, weshalb sorgfältige Behandlung und gute Reinigung sowie Schmierung erforderlich ist. Das Nachschleifen der Fräsketten geschieht durch eine besondere Schleifvorrichtung, die zum Teil an der Kettenfräse selbst angebracht wird (Abb. 91), mit einer Fräskettenschleifmaschine oder durch biegsame Welle mit Tellerscheibe. Der Schneidwinkel der Kettenzähne beträgt etwa 15 bis 35°.

Abb. 89. Fräsen von Dollenlöchern mit der Kettenfräse.

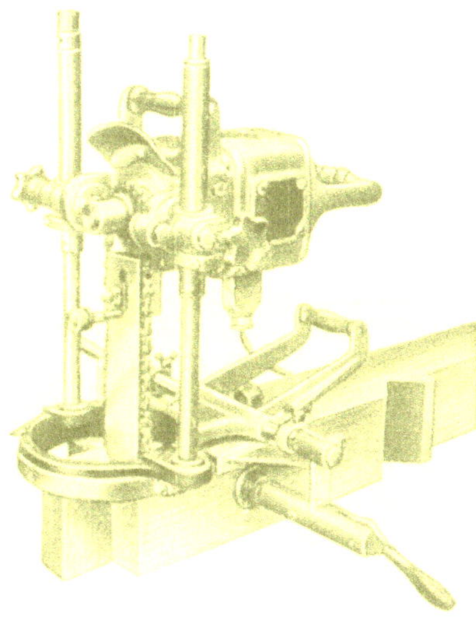

Abb. 90. Vorrichtung zum Fräsen von Kerven und Zapfen.

Das Zapfenlochfräsen kann ebenfalls, wenn auch etwas langsamer, mit Zapfenfräsern ausgeführt werden. Wo solche Arbeiten seltener vorkommen, genügt es, normale Holz-Handbohrmaschinen zu verwenden. Dabei wird Loch an Loch gebohrt und der Zwischenraum ausgestemmt.

Zum Bohren werden auf die Spindel der Maschinen Bohrfutter aufgesetzt, doch kann diese Arbeit infolge der hohen Drehzahl der Spindel nur als behelfsmäßig gelten, auch wenn besondere Bohrer hierzu genommen werden. Dabei ist dies bei langen Bohrern infolge des Schwingens (bzw. Schlagens) nicht ungefährlich (vgl. auch Handbohrmaschinen S. 30f.).

Abb. 91. Schleifscheibe auf der Fräsmotorwelle zum Nachschleifen der Kettenfräsen.

G. Holzhobelmaschinen.

Die Holzhobel zerfallen ebenfalls in Elektro-Hand- und -Tischhobel.

I. Bei den **Handkrafthobeln** ist die Messerwalze gewöhnlich parallel zum Motor angeordnet und mit diesem zusammen auf eine Laufschiene gebaut. Eine

Schwierigkeit bildet der nahe Zusammenbau zwischen Messerwalze und Motor, da sich schon bei geringen Leistungen ein etwas umfangreicher Aufbau ergibt, so daß die Verwendung der Handhobel noch wenig verbreitet ist. Die Laufschiene kann bei kleineren Maschinen zum Hobeln von Kurven konvex oder konkav gekrümmt werden. Die Drehzahl der Messerwalze liegt zwischen 3000 und 4500 Umdr./Min. bei Umfangsgeschwindigkeiten von 17 bis 25 m/Sek. (bei stationären Maschinen sind bis zu 40 m/Sek. üblich). Solche Handhobel werden bei Leistungen von 100 bis 500 Watt mit Gewichten von 8 bis 21 kg, bei einer Messerbreite von 100 bis 120 mm gebaut. Die Mehrleistung gegenüber Handarbeit beträgt etwa das 2- bis 3fache je nach Art der Arbeit.

Abb. 92. Parketthobelmaschine.

Für ganz leichte Arbeiten werden auch in gewöhnliche Schreinerhandhobel motorbetriebene Zapfenfräser eingebaut, die in der Höhe verstellbar sind; doch ist die Schnittbreite und Größe dabei beschränkt.

Es gibt auch Hobelmaschinen, die wie Parkettbohner an einem Griff geführt werden und zum Abhobeln von Parkettböden und Balken dienen (Abb. 92).

II. Bei den **Tischhobelmaschinen** (Abb. 93) sitzt der Motor neben dem verstellbaren Tisch, und die Messerwalze (2 bis 4 Messer) ist direkt auf die Motorwelle aufgesetzt. Hobeltisch und Führungen ähneln den großen Werkstattmaschinen. Die Leistung solcher Kleintischhobler geht bis etwa 250 mm Bretterbreite. Als Anhalt für die Abmessungen solcher Tischhobelmaschinen mögen folgende Angaben (Zahlentafel 24) dienen:

Zahlentafel 24. Über Tischhobler.

Motorleistung in Watt	Drehzahlen n/Min.	Hobelmesserbreite in mm	Gewicht kg
180—600	3000	150—250	65—190

Abb. 93. Tischhobler mit Zusatztisch und Kreissägeblatt.

Zum Antrieb kommen Elektrowerkzeugmotoren aller üblichen Stromarten und Spannungen, also auch sog. Universalmotoren für Gleich- und Einphasenwechselstrom in Betracht. Nach Anbau eines Zusatztisches kann noch ein Kreissägeblatt angebracht werden (Abb. 93), ebenso wird häufig der Anschluß einer biegsamen Welle am freien Motorwellenende vorgesehen.

H. Elektrogebläse.

Elektrogebläse, Elektroventilatoren oder Lüfter werden für 1,2 bis 120 m^3/Min. Luftförderleistung bei Drücken von 120 bis 750 mm WS gebaut.

Die Luftmenge wird mit Venturimetern oder Voldmannschen Flügeln, der Winddruck mit Manometern oder durch kommunizierende Röhren gemessen.

Man unterscheidet zwei Bauarten, Schraubenradgebläse (Propellerventilatoren) und Schleuder- oder Zentrifugalgebläse (vgl. auch Kapselgebläse und Kleinkolbenkompressoren S. 77 f.).

I. Schraubenradgebläse.

Bei den Schraubenradgebläsen (Propellerventilatoren) wird die Luft in axialer Richtung angesaugt und durch eine propellerartige Schraube in gleicher Richtung weiter gedrückt. Sie finden Verwendung als Schlottergebläse oder Luftventilatoren im Bergbau, wo sie mit einem der Leitung- oder Luttenweite entsprechenden Durchmesser unmittelbar in die Luftleitung oder Lutte eingebaut werden und dort die Luft durch ihren Körper hindurchsaugen und weiter drücken, dabei ist das Schraubenrad auf einer Seite oder auch beiderseits auf der Motorwelle angeordnet. Gebräuchlich sind Motorleistungen von 0,25 bis 1,1 kW.

Auch zur Entlüftung von Räumlichkeiten werden solche Schraubenradgebläse mit Propellerflügeln großen Durchmessers herangezogen, da es dort lediglich auf eine Luftbewegung ankommt.

II. Schleuder- oder Zentrifugalgebläse.

Bei den Schleuder- oder Zentrifugalgebläsen wird die Luft in axialer Richtung angesaugt und in tangentialer Richtung durch einen Gebläsestutzen abgeschleudert, wobei innerhalb des Flügelrads eine Richtungsänderung der Luft erfolgt. Diese Bauart ist bei Elektrogebläsen gebräuchlicher, da sie in Herstellung, Raumverteilung und Anbringung des Motors, sowie durch den guten Wirkungsgrad viele Vorteile besitzt.

Der Leistungsverbrauch L in kW eines solchen Elektrogebläses ist nach der Betriebshütte 1929

$$L = \frac{V \cdot p}{3600 \cdot 102 \cdot \eta}$$

worin bedeuten:

V = Luftmenge in m³/Std. in der Durchströmungstemperatur,
η = Wirkungsgrad des Lüfters = 0,4 bis 0,65,
p = Pressung in mm WS, die der Ventilator zur Überwindung der Luftwiderstände zu erzeugen hat.

Die Liefermengen der Schleudergebläse verhalten sich nach Rudolf Karg zueinander wie die Umlaufzahlen des Flügelrads. Mit der Umlaufzahl ändert sich die Pressung, jedoch nicht direkt proportional, sondern mit der 2. Potenz, der Kraftbedarf ändert sich mit der 3. Potenz der Umlaufzahl.

Folgende Angaben der Zahlentafel 25 mögen als Anhalt für die üblichen Drücke und Luftmengen bei der Leistungsbemessung dienen:

Zahlentafel 25. Über Raumentlüftung.

Art der Räumlichkeiten	p = Druck in mm WS	V = Luftmenge in m³/Min.
bei Gebäudeentlüftung	10—50	1—2
„ industrieller Gebäudeentlüftung und Luftheizung	50—200	2—30
„ Kleingebläsen, Schmiedefeuer	50—150	2—5
„ Öfen mit Hochdruckgebläsen	200—350	1—10
„ Absaugeanlagen zum Gußputzen u. dgl.	50—100	20—85

Dazu sind die Wirkungsgrade der Motoren je nach Größe und Stromart mit 0,6 bis 0,9 zu berücksichtigen. Gebaut werden die Elektrogebläse für alle Stromarten der Elektrowerkzeuge, wobei besonders der schwierige Anlauf von Einphasenkurzschlußmotoren mit Hilfsphase zu beachten ist.

Bei allen Gebläsen ist der richtige Zusammenbau zwischen Motor und Gebläse wichtig. Gewöhnlich sitzt der Gebläseflügel auf der Motorwelle, doch wird er auch zum Teil durch eine Kupplung mit der Welle verbunden. Der Motor ist entweder an das Gebläsegehäuse angeflanscht, was den Vorzug ruhigen Gangs, sauberer kleiner Ausführung und geringen Raumbedarfs hat oder getrennt vom Gebläsegehäuse angeordnet, was als Vorzug einfachen und billigen Zusammenbau aufweist.

Das Gehäuse der Gebläse ist aus Grauguß oder Blech oder bei Kleingebläsen aus Aluminium. Die Flügelräder sind aus Blech vernietet oder geschweißt und gut ausgewuchtet. Die Lagerung muß zur Vermeidung von Geräusch genau passen. Es werden Kugel- und Gleitlager verwendet. Das Lager zwischen Flügel und Motor muß so beschaffen sein, daß durch das Gebläse Fett oder sonstige Schmiermittel nicht abgesaugt werden können.

Abb. 94. Tragbarer Exhaustor mit Saugrohren im Dienste der Feuerwehr.

Die Stellung des Gebläsestutzens ist bei vielen Bauarten mit Rücksicht auf das Anbringen an Wand oder Decke beliebig wählbar und je nach der Verwendung des Gebläses zu verändern. Die Stellung zum Motor, d. h. Rechts- oder Linksgebläse ist zu beachten.

Die Motoren müssen reichlich bemessen sein, da sie in den meisten Fällen im Dauerbetrieb belastet werden. Dabei ist auf die richtigen, vom Lieferwerk vorgeschriebenen Abmessungen der Zuleitungen zu achten, denn bei zu großem Rohrleitungsquerschnitt wird entgegen der oberflächlichen Erwägung das Gebläse überlastet, während sich z. B. die geringste Belastung bei völlig abgedrosseltem Luftaustritt ergibt.

Es empfiehlt sich daher auch, besonders bei kleineren Gebläsen, die Luftzufuhr durch einfache Drosselschieber einzustellen (Abb. 97) und nur bei größeren Maschinen Anlasser mit Regulierwiderstand zu benutzen, da diese nur der Verringerung des Stromstoßes beim Anlassen und einem langsamen Anwerfen der großen Raddurchmesser dienlich sind, sonst aber viel überschüssige Kraft durch Wärme vernichten.

Die Schleudergebläse zerfallen wiederum in Exhaustoren, Hochdruckgebläse und Ventilatoren.

1. Exhaustoren. Die Exhaustoren dienen zum Absaugen von Luft, Dämpfen, Spänen und Staub, sowie zur Ent- und Belüftung von Räumen, Unterwindfeuerung und Fortbewegung leichter Materialien, wie Späne, Federn, Sägemehl und ähnlichem.

Die Wirkung derselben ist saugend und drückend zugleich, da die Späne von der Ausblaseöffnung ab noch zu einem Lager, wie Abscheider, Staubfilter und dgl., zu befördern sind. Bei den Exhaustoren muß eine möglichst große Luftmenge bei geringem Unterdruck befördert werden, dies hat eine breite Schaufelung des Flügelrads und große Abmessungen des Gebläsestutzens und der meist aus Blech ausgeführten Rohrleitungen zur Folge (Abb. 94). Der manometrische Wirkungsgrad bewegt sich für gute Exhaustoren zwischen 45 und 85 vH. Die Abmessungen der Rohrleitungen sind sorgfältig zu berechnen. Das Gehäuse ist gewöhnlich aus Blech.

Abb. 95. Fahrbares Hochdruckgebläse. mit Düsenverstellung.

2. Hochdruckgebläse. Die Hochdruckgebläse dienen zum Betrieb aller Art von Öfen und Feuerungen, zum Trocknen von Formen und Kernen in Gießereien, zum Anpressen von Druckblättern in Rotationspressen und dgl. Hierbei findet eine geringe Luftmengenförderung bei hohem Druck statt, daher die Ausführung mit sehr großen Flügelraddurchmessern und schmaler Schaufelung bei kleinen Gebläsestutzen (bis etwa 400 mm WS). Auch fahrbare Anordnungen zum Anfeuern von Öfen sind gebräuchlich (Abb. 95). Zur Erreichung von Drücken von 800 bis 1400 mm WS werden auch zweistufige Hochdruckgebläse gebaut, bei denen die Flügel auf beiden Motorseiten oder nebeneinander angeordnet und hintereinander geschaltet sind.

Abb. 96. Tragbare Feldschmiede mit Ventilator.

3. Klein- und Niederdruckgebläse. Klein- und Niederdruckgebläse sowie Ventilatoren (Abb. 96 und 97) (Lüfter) dienen zum Ersatz der Handluftspritze und des Blasebalgs, also zum Betrieb von Schmiede-, Nietfeuern und kleinen Öfen, zum Entlüften, Entstauben, Reinigen, Trocknen, Härten von Werkzeugen und dgl. Die Niederdruckgebläse werden gewöhnlich ortsfest in Feldschmieden (Abb. 96) oder Feuer eingebaut und sind mit Blechflügeln ausgerüstet. Der Motor ist fast immer unmittelbar an das Ventilatorgehäuse angeflanscht.

Zum Betrieb von Schmiedefeuer (Abb. 97) sind etwa folgende Leistungen (Zahlentafel 26) erforderlich:

Zahlentafel 26. Über Schmiedefeuergebläse.

Düsenanzahl		Pressung in mm WS	Motorleistung in Watt	Luftmenge in m³/Min.
mit 30 mm ⌀	mit 40 mm ⌀			
1	1	80—120	80—120	2
2—3	1—2	150	180—250	4—5
3—5	2—3	150	280—500	6—10

Zum Erwärmen eines Rundeisens von 120 mm Durchmesser auf Schweißhitze wird mit einem Elektrogebläse etwa 14 Minuten benötigt, gegenüber 40 Minuten mit Zylindergebläse. Der Kraftverbrauch ist sehr gering und kostet je nach Strompreis etwa 5 bis 10 RPf. für 1 Stunde und 1 Feuer. Ein Mehrverbrauch an Schmiedekohle tritt nicht ein, da das Gebläse ganz nach Bedarf mit Absperrschieber gedrosselt werden kann.

Abb. 97 zeigt den richtigen Einbau eines Schmiedegebläses für 2 Feuer mit Drosselschieber. Der Motor soll dabei entweder unter den Herd oder an die

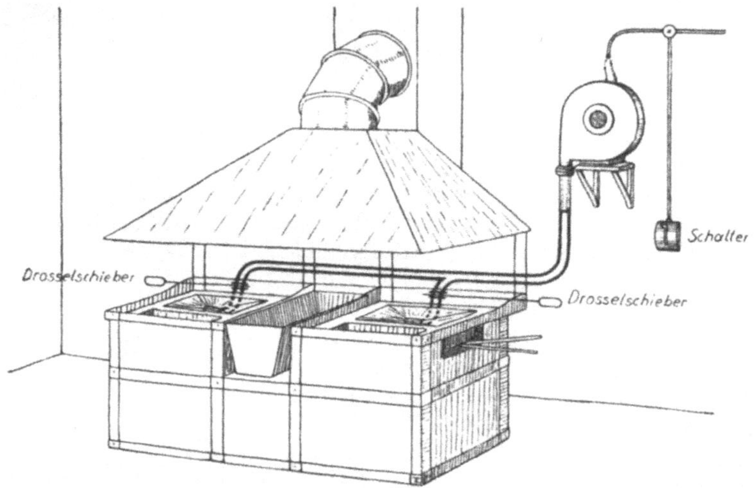

Abb. 97. Richtige Anordnung und Drosselanlage eines Schmiedefeuergebläses.

Wand vom Feuer abgekehrt zu stehen kommen, damit die Rauchgase und die Feuerwärme ihn nicht schädigen können und seine Lager leicht zur Schmierung zugänglich sind, bzw. damit die Kohlenbürsten nachgesehen und der Kollektor gereinigt werden kann.

Die Länge der Zuleitung zum Feuer soll nicht viel mehr als etwa 1,5 m betragen. Die Hauptleitung soll nicht enger sein als die Ausblaseöffnungen. Abzweigungen sollen möglichst schlank, am besten unter 15° gemacht werden. Gasrohre und Rohrfittings eignen sich nicht für die Zuleitungen, dagegen autogen geschweißtes 1 bis $1^1/_2$ mm-Blech.

Die Leistung eines elektrischen Nietfeuers beträgt z. B. etwa 110 bis 150 Niete mit 20 mm Schaftdurchmesser in der Stunde.

Die Kleingebläse (Abb. 98) werden im allgemeinen ganz aus Leichtmetall (zum Teil in Kokillenguß) hergestellt und sind mit Universalmotoren für Gleich- und Einphasenwechselstrom ausgerüstet, durch deren hohe Drehzahl (6000 bis 8000) schon bei kleinen Abmessungen eine hohe Wattleistung erzielt wird. Der Ventilationsflügel wird gewöhnlich mit spiralförmigen Rippen aus Leichtmetall hergestellt. Die Kleingebläse reichen auch zum Betrieb eines kleinen Feuers, doch ist bei diesen billigen Gebläsen mit hohen Drehzahlen (über 3000 Umdr./Min.) erhöhte Abnützung, insbesondere der Kohlenbürsten, sowie verstärktes Geräusch zu berücksichtigen. Durch Schraubenschlitze am Fuß kann ein solches Gebläse ortsfest gemacht werden. Durch Anflanschen eines Handgriffes und Aufsetzen eines Blasemundstückes aus Isoliermaterial lassen sie sich in ein Handgebläse zum Ersatz des Blasebalges verwandeln (Abb. 98). Mit entsprechenden Zubehörteilen läßt sich das Gebläse für weitere Sonderzwecke, wie zum Staubsaugen, Warmluftspenden und dgl., einrichten (vgl. Fön).

Abb. 99 zeigt ein solches Kleingebläse beim Anheizen von Lokomotiven. Das Anheizen wurde bisher mit 2 Naphthakohlen-Anzündern und Reiserwellen (Kosten hierfür etwa 45 RPf.) vorgenommen und war immer ziemlich umständlich. Jetzt wird als Anheizgerät in die Feuerbüchse ein Blasrohr von etwa 45 mm Durchmesser mit einem flachtrichterartigen Mundstück eingeführt, das mit einem durch Drosselschieber einstellbaren Elektrogebläse verbunden ist. Am vorderen

Abb. 98. Handgebläse beim Ausblasen eines Motors.

Abb. 99. Anheizgerät mit Kleingebläse für Lokomotiven.

Teil des Rohres ist ein Flacheisenbügel angeschweißt, um dem Gerät auf dem Lokomotivrost einen sicheren Stand zu geben.

Zum Anheizen dient alte Putzwolle mit etwas Öl oder Petroleum getränkt, die vor den in die Feuerbüchse geworfenen Kohlen angezündet wird.

Unter allmählichem Öffnen des Drosselschiebers wird angeblasen. Die Kosten (7 RPf.) sind etwa 6 mal geringer als bei der früheren Arbeitsweise.

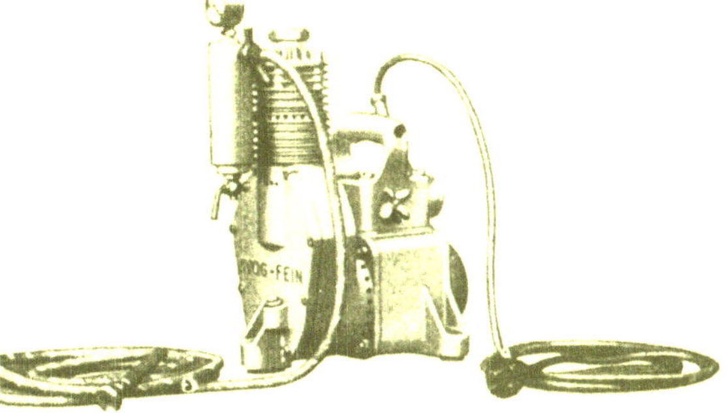

Abb. 100. Reifenluftpumpe.

III. Kapselgebläse und Kleinluftpumpen.

Im weiteren Sinne gehören hierzu auch die Schieber- oder Kapselgebläse, sowie die kleineren Kolbenluftpumpen.

Die Kapselgebläse besitzen als Flügel bewegliche Lamellen oder Schieber aus Blech oder Vulkanfiber, die auf einer zum Gehäuse exzentrisch angeordneten Lauftrommel befestigt sind und durch die Zentrifugalkraft geschleudert werden. Sie arbeiten auf einen kleinen Luftkessel.

Kapselgebläse werden gewöhnlich bis etwa 3000 mm, höchstens 6000 mm WS (0,3 bzw. 0,6 at) gebaut. Sie fördern bei Antriebsleistungen von 30 bis 2500 Watt Luftmengen von 0,05 bis 5 m³/Min. (50 bis 5000 Liter pro Minute), sie dienen bei niederen Drücken zur Betätigung von Niederdruckspritzpistolen zum Farbspritzen u. dgl., bei Drücken bis zu 1500 mm WS für Gasfeuerungen und zum Betrieb von Löt- und Härteöfen, bei höheren Drücken zur Betätigung von Sandstrahlgebläsen oder Farbspritzanlagen. Weiter finden sie Verwendung in Druckereimaschinen zum Andrücken des Papiers.

Die Kleinkolbenluftpumpen zum Aufpumpen von Autoreifen haben Antriebsleistungen von 250 bis 500 Watt. Sie besitzen meist Luftkühlung durch Kühlrippen. Die Druckkolben mit Kolbenringen werden über Zahnrad- oder Schneckenübersetzungen gewöhnlich durch Universalmotoren angetrieben. Auch sind sie mit kleinen Stoßwindkesseln, sowie mit Ölabscheidern, Manometern und Überdruckventilen ausgerüstet. Sie gehen vorübergehend bis zu Drücken von 5 bis 10 atü bei Luftmengen von etwa 0,05 m³ pro Minute. Ein Luftreifen 775 × 145 cm wird in etwa 2 Minuten auf 2,5 at, ein solcher 935 × 135 cm in etwa 3 Minuten auf 4 at aufgepumpt.

J. Biegsame Wellen.

Werkzeuge mit Antrieb durch biegsame Wellen sind dazu bestimmt, Arbeiten maschinell auszuführen, die infolge des Gewichts oder ungeeigneter Außenmaße von Elektrowerkzeugen oder ortsfesten Werkzeugmaschinen nicht oder nur schwer bewältigt werden können. Auch dienen sie zum Antrieb von Geräten, Tachometern und dgl. Infolge ihres kleinen Raumbedarfs können sie an schwer zugängliche Arbeitsstellen gebracht und infolge ihres geringen Gewichts vom Bedienungsmann bei Arbeiten in der Höhe, an Wänden und dgl. leicht gehalten werden. Da die verschiedenartigsten Werkzeuge angeschlossen werden können, so ist ihre Verwendungsmöglichkeit sehr vielseitig. Dagegen haben sie infolge der Reibungsverluste der Wellenseele einen größeren Kraftverbrauch als Elektrowerkzeuge, und die Wellen geben infolge ihrer Biegsamkeit und leichten Bauart die Möglichkeit zu Beschädigungen und Störungen.

Man unterscheidet: Gelenkwellen, Gelenk- oder Wellenketten, biegsame Wellen im engeren Sinn.

I. Gelenkwellen.

Die Gelenkwellen kommen zur Übertragung von Drehzahlen unter 500/Min. und größeren Kräften in Betracht, z. B. zu schweren Aufwalz- und Aufreibe-

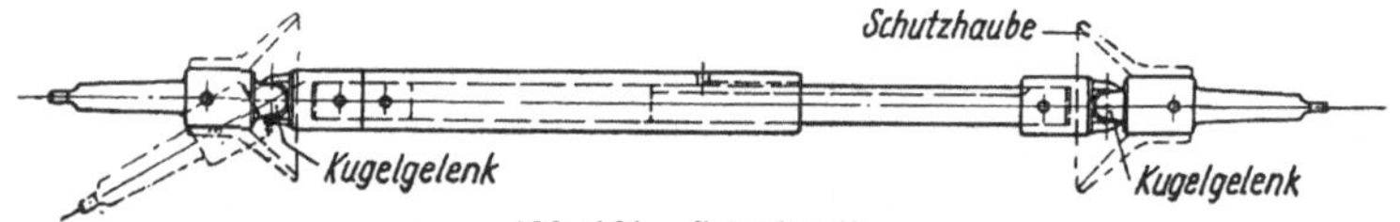

Abb. 101. Gelenkwelle.

arbeiten an Kesseln und dgl. (Abb. 40), sie bestehen aus einem teleskopartigen, ausziehbaren Rohr, das an beiden Seiten je mit einem Kugelgelenk versehen ist (Abb. 101). Der größte Ausschlag geht bis etwa 45° bzw. 70°. Zur Begrenzung des zulässigen Winkels werden um die Kugelgelenke Schutzhülsen als Anschläge vorgesehen. Die Gelenkwellen müssen sehr kräftig gebaut sein. Zur Vermeidung von Verlusten und Störungen ist die Wahl einer guten Konstruktion unerläßlich.

II. Gelenk- oder Wellenketten.

Gelenk- oder Wellenketten dienen zum Antrieb von Werkzeugen, Werkzeugmaschinen und Tachometern und bestehen aus vielen Einzelgliedern, die durch eine Metallschlauchumhüllung geschützt sind. Ihre Verwendung ist auf einige Sonderzwecke beschränkt.

III. Biegsame Wellen im engeren Sinne.

a) Aufbau, Berechnung und Abmessungen.

Die biegsamen Wellen im engeren Sinn sind vor allem bei Übertragung hoher Drehzahlen vorteilhaft. Bei Drehzahlen unter 1000 fallen sie ziemlich schwer aus.

Von der Verwendung biegsamer Wellen wird erstmals aus der Zeit Leonardo

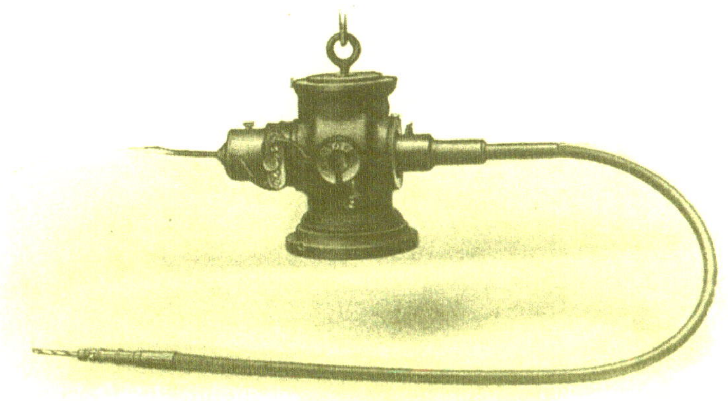

Abb. 102. Biegsame Welle zu Bohrarbeiten aus dem Jahre 1895.

da Vincis um 1500 berichtet. Nach dem Auftreten der ersten Elektromotoren setzt auch die Verwendung biegsamer Wellen ein, und die Firma C. & E. Fein, Stuttgart, zeigte erstmals im Jahre 1895 einen Kleinmotor mit biegsamer Welle (Abb. 102) auf einer Ausstellung, vornehmlich für industrielle Zwecke. Eine vom Elektromotor unabhängige Entwicklung der biegsamen Wellen ist nicht denkbar, da der Elektromotor den zweckmäßigsten und idealsten Antrieb für die biegsamen Wellen darstellt. Es gibt heute zwar noch eine Anzahl weiterer Antriebsquellen für biegsame Wellen, wie Verbrennungsmotor, Riemenvorgelege und dgl., doch ist deren Verbreitung auf wenige Fälle beschränkt geblieben.

Die biegsamen Wellen bestehen aus Seele, Schutzschlauch, Anschlußstück und Handstück zur Aufnahme des Werkzeugs (Abb. 105).

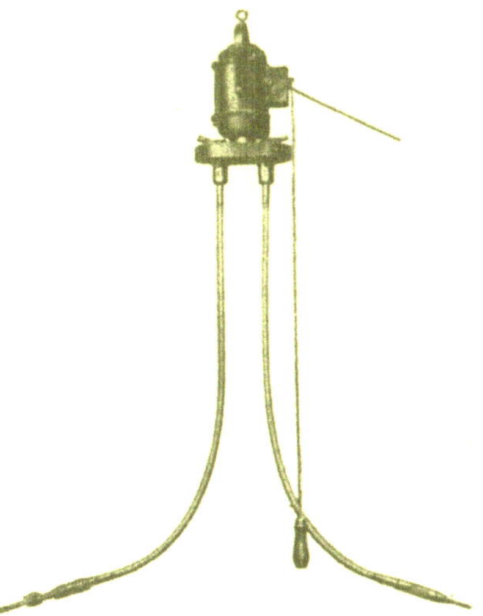

Abb. 103. Vorgelegemotor mit 2 biegsamen Wellen entgegengesetzter Drehrichtung.

Die Seelen werden aus Stahldrähten schraubenförmig gewunden und dürfen keine Hohlräume zwischen den Drähten aufweisen (doch gibt es auch innen hohl gewickelte Wellen). Die Art der Wicklung sowie die Anzahl der Drähte gehört zur Eigentümlichkeit des Herstellers und wird selten bekanntgegeben. Im allgemeinen sind 2 bis 5 und mehr Lagen üblich bei Einzeldrahtdurchmessern von 0,24 bis 4 mm. Im Betriebe soll die Welle bestrebt sein, sich zusammenzuziehen. Bei Beschaffung ist daher besonders auf die Drehrichtung zu achten, da sich sonst unter Umständen die Seele aufwickelt. Die oberste Lage ist dabei bestimmend für die Umlaufsrichtung. Es gibt jedoch auch Wicklungsarten, die für beide Drehrichtungen verwendbar sind, wobei die übertragbare Leistung entsprechend kleiner wird. Einen Ausweg bilden Motoren mit Vorgelege und der Anschlußmöglichkeit für 2 biegsame Wellen mit entgegengesetzter Drehrichtung (Abb. 103).

Das übertragbare Drehmoment M_d jedes Einzeldrahtes d entspricht etwa demjenigen, das in gestreckter Form als Welle übertragen werden könnte. Für den Einzeldraht d bestehen die Beziehungen:

$$1. \quad d = \sqrt[3]{\frac{M_d \cdot 16}{K_d \cdot \pi}} \text{ cm}.$$

$$2. \quad M_d = \frac{71620 \cdot N}{n} \text{ cmkg},$$

worin bedeuten:

N = übertragene Leistung in PS,

n = Drehzahl je Minute,

K_d = 300 bis 1400 kg/cm² nach C. Bach und Hütte

(je nach Belastungsart und Drahtmaterial anzunehmen).

Für den ganzen Seelendurchmesser ist d noch mit der Gesamtdrahtzahl z zu multiplizieren. Da jedoch die Drahtzahl meist nicht bekannt ist, so empfiehlt es sich, $d \cdot z$ gleich für den ganzen Seelendurchmesser D zu rechnen und zur Sicherheit $d \cdot z = 0{,}7$ bis $0{,}8\,D$ in obiger Formel anzunehmen.

Ausschlaggebend für die Güte einer biegsamen Welle ist ein einwandfreier, guter Stahldraht.

Über die bei verschiedenen Drehzahlen und Seelendurchmessern übertragbaren Leistungen mag die folgende Zahlentafel 27 Aufschluß geben, die auf Grund der Angaben von drei Herstellern biegsamer Wellen, sowie der Hütte und des Schuchardt & Schütte-Taschenbuchs zusammengestellt ist.

Zahlentafel 27. Drehzahl je Minute (bei Elektrowerkzeugmotoren üblich).

Übertragene Leistung in PS	800—1000	1400—1600	2000	3000
	Uml./Min. (bei Elektrowerkzeugmotoren üblich) Durchmesser der Seelen der biegsamen Wellen in mm			
$^1/_{20}$	7—5	5	5	5
$^1/_{10}$	10	8	8	8—5
$^1/_6$	12,5	12—10	8	8
$^1/_4$	15—12	12,5	10	10—8
$^1/_3$	15—12	15—12	12—10	12—10
$^1/_2$	20	15—12	12,5	12
$^3/_4$	25—20	20—15	12,5	15
1,0	30—25	20	15	20—15
1,5	30	25—20	20	25—20
2,0	35—30	25	20	25—20
2,5	40—35	30	25	25—20
3,0	45—40	35—30	30	25

Eine Normung der Durchmesser ist vorgesehen, jedoch noch nicht abgeschlossen.

Gebräuchliche Wellenlängen sind: 1,5; 1,8; 2,0; 2,5 und 3,0 m. Wellen für Leistungen bis zu $^1/_3$ PS werden gewöhnlich in 1,5 oder 1,8 m Länge, über $^1/_3$ PS in 1,8 oder 2,0 m, auch 2,5 m Länge ausgeführt. Biegsame Wellen werden bis zu einem Seelendurchmesser von etwa 100 mm bei Längen bis zu 15 m und für Leistungsübertragungen bis etwa 15 PS bei 1500 Umdr./Min. gefertigt.

b) Einfluß der Krümmung, Wirkungsgrad, Verdrillung.

Der kleinste Krümmungshalbmesser bei Stillstand (z. B. zum Verpacken) kann etwa 6 bis 7 D betragen, während im Betrieb Krümmungen unter 12 bis 15 D (je nach Schutzschlauch) kaum zulässig sind. Die biegsamen Wellen werden durch Krümmungen stark beansprucht, und die Kraftverluste wachsen entsprechend.

In Abb. 104 sind die Wirkungsgradkurven einer durch einen Asynchronmotor mit 3000 Umdrehungen angetriebenen biegsamen Welle A von 13 mm Seelendurchmesser und 1500 mm Länge aufgezeichnet. Der Drehstrommotor weist bekanntlich einen geringen Drehzahlabfall auf, seine Leistung von etwa 4 PS ging bedeutend über die übertragene Leistung hinaus. Es wurden folgende Wirkungsgrade gemessen:

1. Wirkungsgrad des Motors allein (η_M),
2. ,, ,, ,, mit der biegsamen Welle gerade ausgestreckt ($\eta_M \cdot \eta_W$),
3. ,, ,, ,, mit der Welle um 90° gekrümmt (Krümmungsradius etwa 20 D),
4. ,, ,, ,, mit der Welle um 180° gekrümmt (Krümmungsradius etwa 20 D),

Die Wirkungsgrade η_W der biegsamen Welle wurden für die Messungen wie folgt bestimmt: $= \frac{(\eta_M \cdot \eta_W)}{\eta_M}$. (Der Zähler erscheint als Bremsergebnis der Welle in einer Zahl.) Bei der Prüfung dieser Welle ergaben sich die in der folgenden Tafel enthaltenen Werte. Es wurden auch Versuche mit entsprechenden Wellen anderer Hersteller gemacht; dabei erhaltene Werte sind beigefügt. Die untersuchte Welle stellt eine Welle mittlerer Güte dar.

Zahlentafel 28. Über Wellenwirkungsgrade.
Untersuchte Welle A 13 mm Seelendurchmesser, 1500 mm Länge, Motordrehzahl 3000, annähernd konstant.

Drehmoment	Wirkungsgrade			Verluste	Wirkungsgrade		Verluste	Wirkungsgrade		Verluste
	des Motors	des Motors mit gerader Welle	der geraden Welle allein		des Motors mit Welle um 90° gebogen	der Welle allein um 90° gebogen		des Motors um 180° gebogen	der Welle allein um 180° gebogen	
cmkg	η_M	$\eta_M \cdot \eta_W$	η_W	Watt	$\eta_M \cdot \eta_W$	η_W	Watt	$\eta_M \cdot \eta_W$	η_W	Watt
100	0,51	0,44	0,863	42	0,42	0,823	48	0,405	0,794	56
200	0,68	0,64	0,941	35	0,625	0,920	48	0,61	0,897	62
300	0,75	0,73	0,973	26	0,718	0,957	37	0,70	0,935	56
400	0,78	0,77	0,988	14,5	0,74	0,948	62	0,728	0,935	78
500	0,795	0,788	0,990	15	0,75	0,945	83	—	—	—
600	0,80	0,79	0,988	21	0,75	0,938	110	—	—	—
700	0,80	0,79	0,988	25	—	—	—	—	—	—

Die zugehörigen Kurven sind in Abb. 104 eingetragen. Es entsprechen 100 cmkg etwa 300 Watt. Die genauen Werte sind aus der Wattkurve im Schaubild zu entnehmen. Aus der Zahlentafel und dem Schaubild lassen sich folgende Ergebnisse zusammenfassen:

Zahlentafel 29. Über Einfluß der Krümmung.

Lage der Welle	Wirkungsgrad	Endbelastung der Welle cmkg	Günstigste Belastung der Welle cmkg
Geradeaus	0,97—0,99	700	400
Um 90° gekrümmt	0,92—0,96	580	300
Um 180° gekrümmt	0,90—0,94	450	300

bei einer Welle von 8 mm Durchmesser, 1,5 m Länge, 3000 Umdrehungen, wurden folgende Wirkungsgrade gemessen:

geradeaus . . . . 0,90—0,95
um 180° gekrümmt . . . . . 0,87—0,92

Bei den Versuchen wurde die Belastung abgebrochen, sobald die Welle anfing zu schlingern oder sich durchzukrümmen. Aus den Angaben geht hervor, in

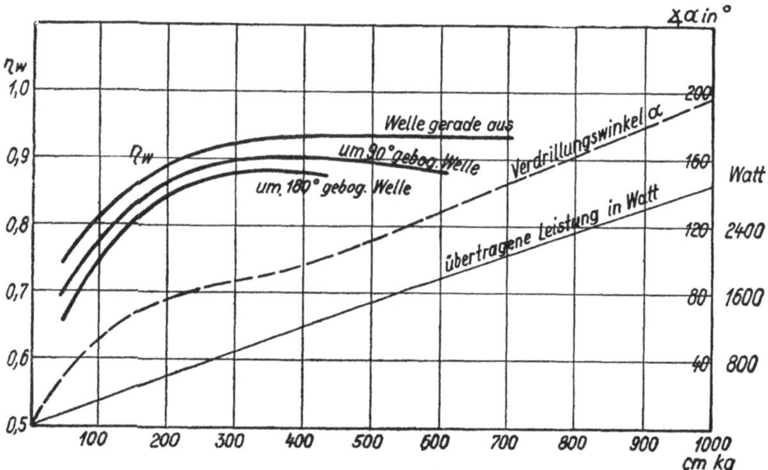

Abb. 104. Wirkungsgradkurven und Verdrillung einer biegsamen Welle: 13 mm Seelen ∅, 1500 mm Länge, 3000 Umdr./Min. bei verschiedenen Krümmungen.

welcher Weise der Wirkungsgrad und die Überlastbarkeit der Welle mit der Krümmung der Welle abnimmt. Eine andere in gleicher Weise untersuchte Welle *B* wies wesentlich geringere Unterschiede als das beigefügte Beispiel auf.

Zahlentafel 30. Über Verdrillung.
Welle *A* 13 mm Seelendurchmesser, 1500 mm Wellenlänge.

Belastung in cmkg	Verdrillungswinkel der Welle in °	Verdrillungswinkel auf 1 m Wellenlänge bezogen in °
250	83	55
400	99	66
500	110	73
750	152	101
1000	202	135
1200	219	146
1400	Welle beginnt zu schlingern.	

Weiter wurde die statische Verdrillung obiger Welle im Ruhezustand gemessen. Hierzu wurde die Welle am einen Ende fest in einer Bremse eingespannt und das freie Ende der Welle so weit nach der vorgesehenen Drehrichtung verdrillt, bis das auf einem Waagbalken vorher eingestellte Drehmoment erreicht wurde. Das Drehmoment wurde so lange gesteigert, bis sich die Welle zu verkrümmen begann. Auf dem am freien Ende der Welle angebrachten Winkelmesser wurde der Verdrillungswinkel abgelesen und auf 1 m Wellenlänge bezogen. In der Zahlentafel 30 sind die Werte obiger Welle enthalten.

Da die Verdrillung dem Drehmoment proportional ist, so muß die Verdrillungskurve eine Gerade ergeben, wie aus der Abb. 104 ersichtlich ist. Aus dem Vergleich der Verdrillungswinkel von Wellen verschiedener Herkunft

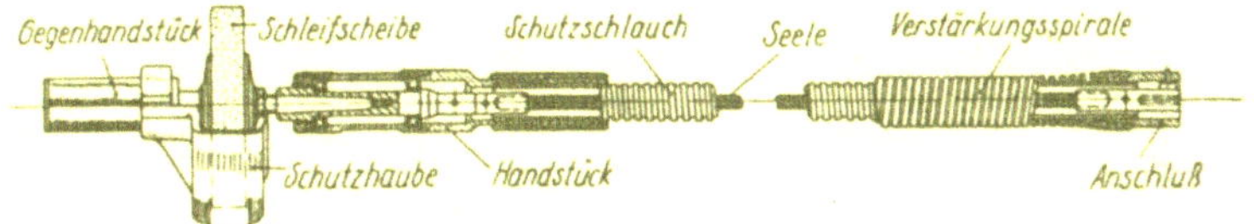

Abb. 105. Aufbau einer biegsamen Welle.

läßt sich ein Schluß auf deren Güte ziehen. Eine andere Welle B derselben Abmessungen wies zum Beispiel bei gleicher Belastung von 250 bis 1400 cmkg nur 34 bis 116° Verdrillungswinkel, d. h. eine um 60 vH geringere Verdrillung auf, auch konnte sie bis 1600 cmkg belastet werden, während die beschriebene Welle A schon bei 1300 cmkg zu schlingern und sich zu krümmen begann.

Zum unmittelbaren Vergleich der Verdrillung einer Welle kann die Steigung der Tangente an die Krümmung der Verdrillung in Funktion des Drehmoments

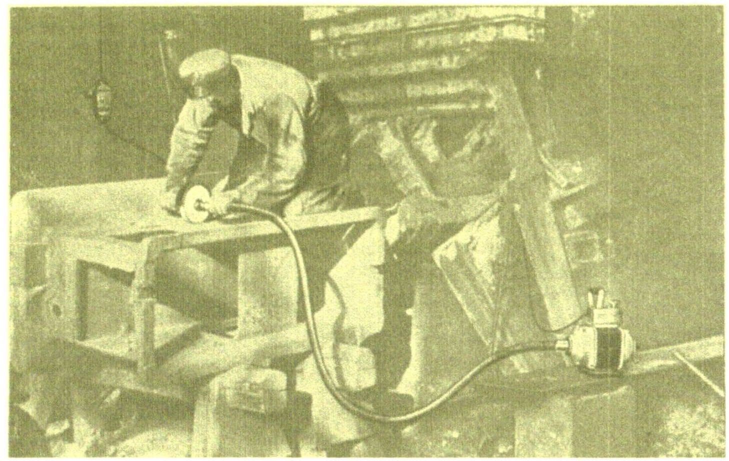

Abb. 106. Tragbarer Motor mit biegsamer Welle beim Gußputzen.

bei einem bestimmten Maßstab herangezogen werden, wobei der niedrigere Verdrillungswinkel ein Zeichen größerer Güte darstellt. Der Tangentenwinkel der untersuchten Welle A betrug z. B. 40°, während die weiter angeführte Welle B bei demselben Maßstab nur einen Winkel von 25° aufwies, also, wie schon oben erwähnt, um etwa 60 vH besser war.

c) Schutzschlauch, Motoranschluß und Handstück.

Der Schutzschlauch der biegsamen Welle besteht aus Metall (gewöhnlich Bandstahl mit Falz zur Erhöhung der Festigkeit) und dient zum Schutze und zur Führung der Wellenseele. Er wird für besondere Zwecke (medizinische Apparate, feuchte Räume und dgl.) noch mit einem Ledermantel, einer Umspinnung oder anderen Umhüllung umgeben. Zwischen Schutzschlauch und Seele befindet sich häufig zum besseren Schutz, zur Führung und zur Verstärkung eine Flachdrahtspirale, die zum leichten Gleiten gut gefettet sein muß, wie überhaupt zwischen Schutzschlauch und Drahtseele sich immer ein Schmiermittel (Schmierfilm) befinden soll.

Die **Anschlußstücke** für die Befestigung am Motor müssen kräftig gehalten sein, damit sich bei den dort auftretenden Zug- und Biegungsbeanspruchungen keine Anstände ergeben. Die Seele trägt einen starren Anschlußzapfen, der mit ihr weich verlötet ist. Eine andere Kupplungsart hat sich nicht bewährt. Hartlöt- und Schweißversuche sind deshalb negativ verlaufen, weil durch die Erwärmung der gehärtete Stahldraht in seiner Festigkeit nachläßt. Der Zapfen wird mit Keil, Schrauben oder Gewinde fest mit der Antriebswelle des Motors gekuppelt, während das Ende des Schutzschlauchs als Büchse ausgebildet auf einen entsprechenden Ansatz am Motor geschoben und geschraubt wird. Für Vereinheitlichung des Anschlusses sind z. Z. Normungsverhandlungen im Gange. Zum Schutz gegen zu scharfes Abbiegen der Welle wird der Anschlußteil der Welle häufig noch durch eine Tülle geschützt, besonders bei Hängemotoren (Abb. 103).

Abb. 107. Tischbandsäge mit angeschlossener biegsamer Welle bei Bohrarbeiten.

Im **Handstück** trägt das Seelenende ebenfalls einen starren Zapfen, der wegen der hohen Drehzahl und schlechten Schmiermöglichkeit in Kugellagern läuft, bei ganz kleinen Maschinen, wie sie z. B. Zahnärzte benützen, findet man Gleitlagerung. Das Seelenende im Handstück wird in der Regel mit Innenkegel nach Morse oder metrisch ausgeführt und darin das Werkzeug befestigt (Abb. 105). Bei kleinen Wellendurchmessern wird der starre Zapfen auch als Kegel ausgeführt zur Aufnahme eines Bohrfutters oder mit Feingewinde und Spannflansche.

Für schwere Schleifarbeiten wird der Wellenzapfen haufig auch nach Dynbal federnd gelagert (vgl. Handschleifmotoren S. 52).

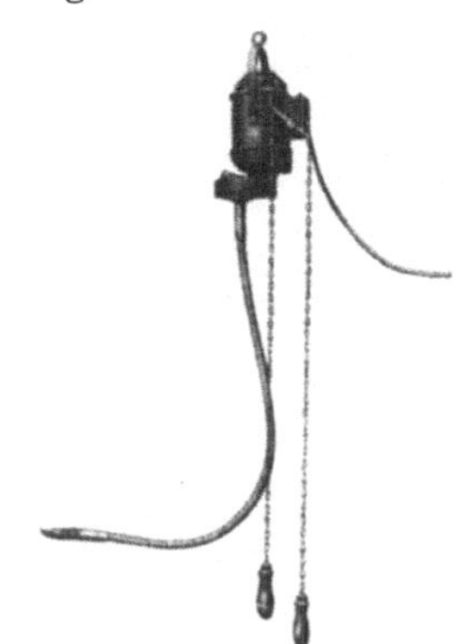
Abb. 108. Hängemotor mit Rädervorgelege und biegsamer Welle, Zugschalter.

d) Antriebsarten.

Der Antrieb der biegsamen Welle erfolgt gewöhnlich durch Elektromotor, seltener durch Anschluß an eine Riemenübertragung.

Als Antriebsmotoren werden die üblichen Elektrowerkzeugmotoren verwendet, wobei der Schalter entweder am Motor als Drehschalter, bei Hängemotoren als Zugschalter oder auch bei kleinen Wellen am Wellenhandstück angebracht sein kann. Man unterscheidet dabei 3 Antriebsarten:

Die biegsame Welle ist unmittelbar auf die Motorwelle **aufgesetzt**. Es sind dies fahr- oder tragbare Motoren mit Fuß (Abb. 106) oder auch Werkzeugmaschinen, an deren freiem Motorende Anschlüsse für biegsame Wellen vorgesehen sind, wie an Handbohrmaschinen, Sägen (Abb. 107), Schleifmotoren, Holzfräsen und dgl.

Die Motoren besitzen ein vorgebautes **einfaches Rädervorgelege** (Abb. 108), auf deren freiem Ende eine oder mehrere (gewöhnlich zwei) biegsame Wellen angeschlossen sind. Es sind dies meist Hängemotoren. Beim Anschluß mehrerer biegsamer Wellen haben die Wellen entweder gleiche Drehrichtung zur Ausführung sich ergänzender Arbeiten, wie z. B. Vorbohren von Schraubenlöchern und Einziehen mit Schraubenziehern oder zur Benutzung mehrerer Werkzeuge von einer Arbeitsmaschine aus (z. B. 2 Schraubenzieher, 2 Bohrer und dgl.), oder die Drehrichtung ist entgegengesetzt zum Anschluß einer rechts- und einer linksumlaufenden Welle, z. B. zum Einziehen und Lösen von Schrauben mit einem Schraubenzieher (Abb. 103).

Eine oder mehrere biegsame Wellen können auch durch einen Motor mit Stufenscheibe angetrieben werden, um möglichst verschiedenartige Drehzahlen zu erhalten und um die Welle für vielerlei Arbeiten heranziehen zu können. Beim Anschluß zweier biegsamer Wellen an eine solche Vielfachantriebsmaschine dient eine stärkere Welle als Krafttrieb

Abb. 109. Vielfachantriebsmaschine mit Kraftwelle und Schnelltrieb.

Abb. 110. Ändern der Drehzahl am Vielfachantrieb.

für einen niederen Drehzahlbereich (z. B. 700 bis 6000 Umdr./Min.) und eine leichtere Welle für einen höheren Bereich (z. B. 6000 bis 13000 bzw. 16000 Umdr./Min.) als Schnelltrieb. Die Änderung der Drehzahl geschieht dabei entweder in 8 Geschwindigkeitsstufen durch Stufenscheibe mit Riemen oder durch Reibungsübersetzungen. Wichtig für derartige Zusammenstellungen ist die schnelle Auswechselbarkeit der einzelnen Werkzeuge, die gewöhnlich in einem Schnellwechselhandstück oder Schnellwechselfutter eingespannt werden. Mit einem solchen Schnellwechselhandstück braucht man (nach Angaben von Schmid & Wezel) zum Einspannen nur etwa 4 Sekunden, gegenüber 25 Sekunden mit einem gewöhnlichen Zangenhandstück.

Die Maschinen bestehen gewöhnlich aus einem Säulenfuß mit geringem Raumbedarf (Abb. 109), in dem der Motor schwimmend (kartesianisch) drehbar aufgehängt ist, und zwar derart, daß er sich nach jeder Richtung hin selbsttätig einstellt, nach der er von der biegsamen Welle gezogen wird. Zum Ändern der Drehzahl genügt das Lösen eines Hebels, Entspannen des Riemens durch Exzenter und das Umlegen des Riemens (Abb. 110). Auch Anordnungen mit Reibungsscheiben zur Änderung der Drehzahlen sind gebräuchlich. Weiter gehören auch die Zusatzantriebe hierher, wie sie für biegsame Wellen an vorhandenen Motoren,

z. B. der Landwirtschaft oder auch an Transmissionen durch angeflanschte Lager mit Anschlußwellen angebracht werden.

e) Werkzeuge.

Die Werkzeuge, die an die biegsamen Wellen angeschlossen werden können, sind in Ausführung und Auswahl außerordentlich vielseitig und haben dadurch zu der Verbreitung der biegsamen Wellen beigetragen. Sie werden von den Herstellern entweder nach dem Drehzahlbereich des Motors oder für besondere Arbeitsgebiete in Werkzeugkasten (Abb. 111) zusammengestellt, so daß mit einer Maschine die verschiedenartigsten Arbeiten ausgeführt werden können.

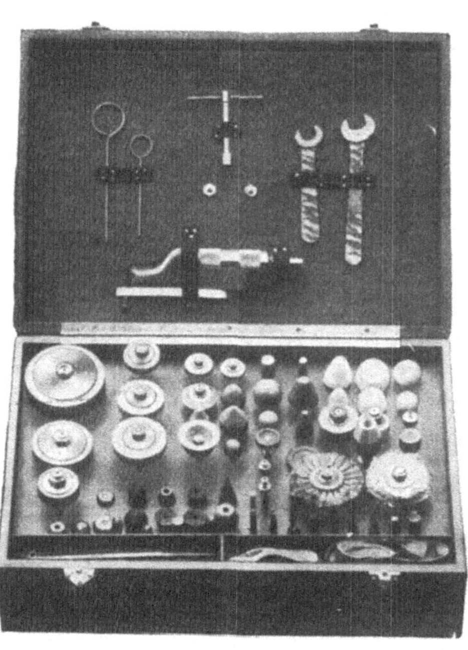

Abb. 111. Werkzeugkasten.

Abb. 112. Bohren von Klavierplatten, seitliche Handgriffe, Hängemotor.

Die Handstücke selbst lassen sich am besten nach der Art des Anschlusses an die biegsame Welle, wie folgt einteilen:

Handstücke mit freitragendem (fliegendem) Schleifdorn (Abb. 112, 113 und 117). Dabei gibt es verschiedenartige Anordnung des Handgriffs, um das Werkzeug vertikal oder horizontal führen zu können (Abb. 113).

Das Einspannen der Werkzeuge geschieht durch Kegel oder Schnellspannbohrfutter mit Kegel. Die Handstücke werden zur Aufnahme von Stößen auch federnd gelagert (Dynbal).

Handstücke mit Schleifdorn und Gegenhandstück.

Der Werkzeugträger ist im Hand- und Gegenhandstück gelagert und durch Kegel oder starr mit dem Wellenzapfen der Seele verbunden.

Handstücke mit Winkel- und Untersetzungsgetriebe für niedere Drehzahlen mit Untersetzungen bis 1:15.

Die Werkzeuge werden auch hier mit Kegel eingesetzt.

Handstücke für Werkzeuge mit hin- und hergehender Bewegung. Die Werkzeuge werden ebenfalls mit Kegel eingesetzt.

Handstücke für Sonderausführungen.

Im folgenden sind nun die einzelnen Werkzeuge für diese Handstücke mit ihren Arbeitsgebieten angeführt.

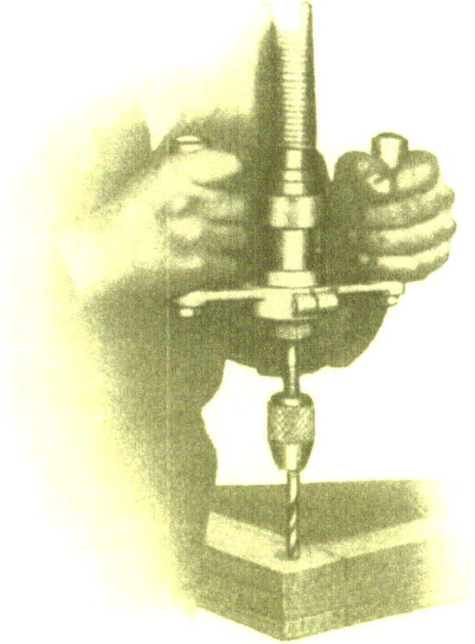
Abb. 113. Holzbohren mit Druckhandgriffen.

1. Bohrer aller Art (vgl. Abschnitt über Bohrer, S. 28f.) für Durchmesser bis 6 bzw. 10 mm werden gewöhnlich bei Drehzahlen von 1500 bzw. 3000 Umdr./Min. im Bohrfutter des freitragenden Handstücks mit verschiedenartigen Handgriffen (Abb. 112 und 113) eingespannt. Bohrer bis 28 mm Durchmesser werden zu Arbeiten an raumbeschränkten Stellen in Winkelbohrapparaten mit Handgriff oder Zuspannschraube benutzt. Z. B. zum Bohren in Ecken, an Schienen (Abb. 114), in Konstruktionsträgern u. dgl.

Eine Sondervorrichtung verlangt das Bohren in Glas bei Umfangsgeschwindigkeiten von 50 bis 75 m/Min. Die Führung des Bohrers erfolgt in einem Rahmen, der mit Gummisaugern (beiderseitig der Glasscheibe) auf der zu bohrenden Glasplatte festgepreßt wird und auch zum Verhindern und Abfangen von Sprüngen in der Glasplatte dient. Gebohrt wird mit Rohrbohrern bis etwa 80 mm Durchmesser unter Zufuhr von Wasser und Schmirgel oder auch mit Diamantbohrern. Zu einem Loch von 20 mm Durchmesser in 5 mm starkes Glas benötigt man mit einer Vorrichtung auf der biegsamen Welle bei 1500 Umdrehungen etwa 3 Minuten.

2. Fräser, Feilen, Raspeln und Fräserfeilen aller Art und Form (Scheiben, Spitzen, Finger, Kegel, Kugel, Walzen) (Abb. 115 sowie 118 und 119) werden bis etwa 6 mm Schaftdurchmesser in Bohrfuttern eingespannt, bei größeren Abmessungen werden die Fräs- oder Feilkörper mit Gewinde für Einschraubschäfte versehen.

Abb. 114. Schienenbohren mit Winkelbohrapparat.

Die Anwendung der Fräser ist auf wenige Zwecke, wie Holzfräsen (vgl. Abschnitt über Holzfräsen, s. S. 68), Abfräsen von Schriftmetall u. dgl., beschränkt und erfolgt gewöhnlich in einer zwangsläufigen Führung oder nach Schablone (Abb. 116). Die rotierenden Feilen und Raspeln haben in letzter Zeit eine große Verbreitung gefunden, sie dienen zum Verputzen, Entgraten, Nacharbeiten, Ausfeilen und Raspeln, sowie zum Fertigbearbeiten von Gesenken (Abb. 117), Modellen, Kernkasten, von Rundungen und Vertiefungen aller Art in Holz, Eisen und Weichmetall, insbesondere da, wo mit Schleifscheiben und Handfeilen nicht beizukommen ist.

Die Scheiben werden in verschiedenen Hieben von 0, 1 und 2 geliefert, wobei Hieb 0 schnitthaltiger und leistungsfähiger ist als die feineren Hiebe 1 und 2. Die Umdrehungszahl der Feilen beträgt zweckmäßig etwa 800 bis 1200 und soll 1500 Umdr./Min. nicht übersteigen, da sonst die Zahnspitzen zu stark erhitzt werden. Beim Bearbeiten von Leichtmetall empfiehlt es sich, die Feile mit Kreide einzureiben. Häufiges Eintauchen in Öl, Talg oder Bohrwasser fördert die Leistung und verhütet Verstopfen der Zähne.

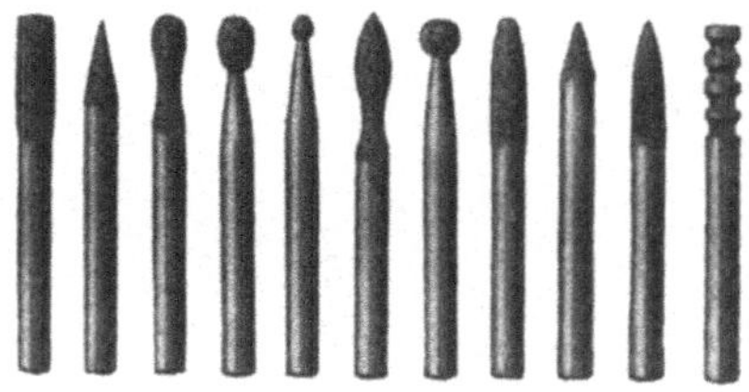

Abb. 115. Verschiedenartige Formen von umlaufenden Feilwerkzeugen.

Bei der Bearbeitung von Aluminium, Blei, Kupfer, Messing, Holz oder Kautschuk empfiehlt es sich, eine Fräserfeile zu verwenden, die ein Verschmieren der Zähne dadurch unmöglich macht, daß der Span durch die spiralgewundenen Zähne selbsttätig herausgeschoben wird. Fräserfeilen arbeiten noch schneller und glatter als Feilen und sind mit Öl oder Bohrwasser zu schmieren (Abb. 118 und 119).

3. **Schraubenzieher** sind bis etwa 4 mm Metall- und 3 mm Holzschrauben im Handstück eingebaut (Abb. 120, 121) und besitzen meist eine Klauen- oder Lamellenkupplung, seltener eine verstellbare Überlastungskupplung. Sie können mit verschiedenartigen Einsätzen versehen werden und dienen zum Einziehen und Lösen von Schrauben aller Art (vgl. Abschnitt über Schraubenzieher). Insbesondere sind sie für kleine Schrauben und Nippel (Abb. 120) der Feinmechanik geeignet, da sie sehr leicht aufgesetzt werden können und da die biegsame Welle ein nachgiebiges Zwischenglied beim Festziehen der Schraube bildet. Schlitzschrauben können ohne Beschädigung und ohne besondere Übung eingezogen werden. Dabei sind Drehzahlen von 450 bis 1500 Umdr./Min. üblich. Zu beachten ist, daß bei der biegsamen Welle meist nur eine Drehrichtung möglich ist. Für Metallschrauben ab $^1/_4''$ und für Holzschrauben ab 4 mm Durchmesser sind Schraubenziehhandstücke mit Untersetzungs- und Winkelgetriebe üblich, die teilweise auch bei umgekehrter Drehrichtung durch Umstecken des Werkzeugs auf die Gegenseite benutzt werden können.

Abb. 116. Fräsen von Fensterrahmen mit zwangsläufiger Führung.

Abb. 117. Ausfeilen von Matrizen.

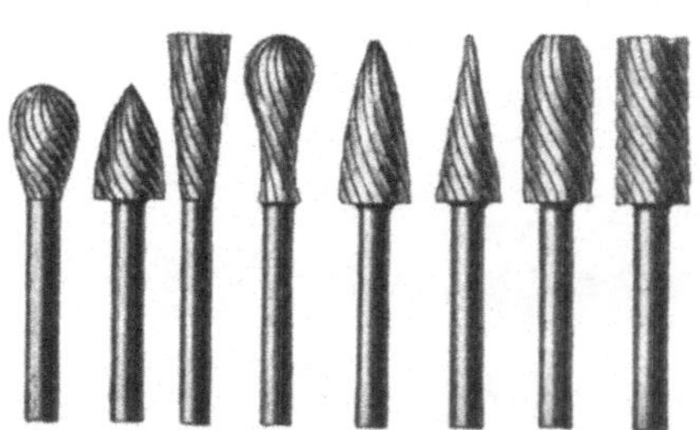

Abb. 118. Fräserfeilen.

4. **Schleifscheiben aller Art** (Abb. 65), wie Teller-, Topf-, Kugel-, Finger- und Walzenscheiben werden entweder im freitragenden Handstück (Abb. 122) oder bei größeren Scheiben mit Gegenhandstück eingespannt. Sie müssen alle eine Schutzvorrichtung tragen (vgl. Abschn. über Schleifscheiben, Schutzvorrichtungen und Umfangsgeschwindigkeiten, s. S. 48). Sie dienen zum Schleifen und Runden von Kanten, Mulden, geschweiften Flächen an Metall und Stein, zum Gußputzen (Abb. 106) und Abschleifen von Graten bei Guß und an Schweißstellen.

Die biegsamen Wellen sind in Verbindung mit Schleifscheiben wohl am meisten verbreitet. Für die Schleifarbeiten ist wichtig, daß der Motor und die Welle nicht zu schwach gewählt werden. Dies gilt besonders für das Überschleifen von Schienenstößen, bei Eisen- und Straßenbahnschienen. Dies geschah bisher in der Weise, daß 2 Mann einen Rutscher über den

Schienenstoß langsam hin und her bewegten. Es gibt nun verschiedene Konstruktionen, um diese Arbeit maschinell auszuführen, es werden z. B. schwere Maschinen mit eingebautem Antriebsmotor in besonderen Führungen auf die Schienen aufgebaut und so eingestellt, daß immer genau in Höhe der Schienen geschliffen werden kann und daß Vertiefungen vermieden werden. Bei Schienenstoßschleifvorrichtungen mit biegsamer Welle gibt es ähnliche Ausführungen zur Bedienung durch einen und durch zwei Arbeiter. Die Führung erfolgt auf Kufen (Abb. 123). Zum Ausgleich der Abnützung kann die Lage der Schleifscheibe zur Unterkante durch Skala eingestellt werden.

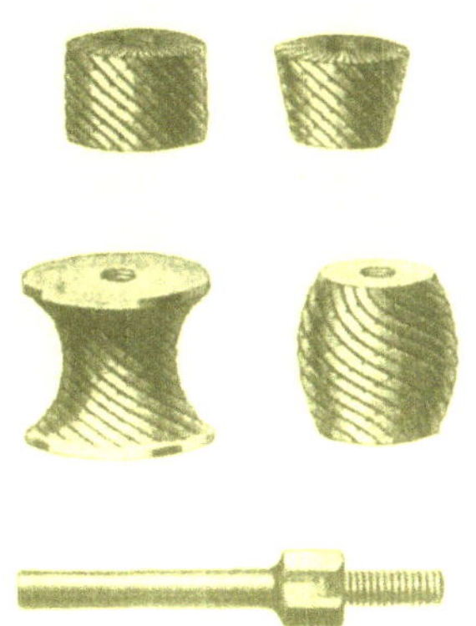

Abb. 119. Fräserfeilkörper mit Einspannschaft.

Die Mehrleistung gegenüber dem Handarbeitsverfahren beträgt etwa ein 4- bis 5faches.

5. Polier- und Schwabbelscheiben dienen zum Hochglanzpolieren von Kanten, Rundungen und Flächen in Holz, Metall, Stein, Glas, Leder und vor allem von lackierten Blechen oder Möbeln (Abb. 124). Zum Glasschleifen finden keilförmige, verdübelte und mit wasserfestem Kitt verleimte Pappelholzscheiben Verwendung, die mit einem entsprechenden Schmirgelbelag versehen werden (vgl. Abschn. über Polieren und Schmirgeln, S. 59 und 60).

Die Polierhölzer, insbesondere Walzen, werden zwecks guter Nachgiebigkeit und leichter Führung oft noch mit einer etwa 5 mm starken Gummilage umzogen, auf die dann der Schmirgelbelag aufgetragen wird (Abb. 126 und 127).

Zum Glätten von dünnwandigen Modellen wird (besonders bei Arbeiten mit biegsamer Welle) über eine Gummischeibe ein endloses Schleifband gezogen. Durch Anziehen der Flanschscheibe wird die Gummischeibe gedehnt und das Schleifband festgehalten (Abb. 128). Das zu polierende Metall ist ebenfalls mit Öl und Schmirgel zu bestreichen. Solche Scheiben dienen zum Säubern von gerundeten Gegenständen, insbesondere zum Flächenpolieren von Möbeln, Marmor, Blechen, lackierten Flächen u. dgl. Wichtig ist dabei die Abhaltung des Schmirgelstaubs vom Arbeiter.

Zum Flächenschliff von Metall (Guß, Herdplatten), Holz (Abb. 124), Stein (Marmorplatten, Terrazzo) finden Schleifscheiben oder Schleifteller in Winkelgetrieben mit Schnecken- oder Kegelräderuntersetzungen Anwendung, auch mit Segmenten (Abb. 125). Sie dienen zum Flächenschliff. Ungünstig bei umlaufender Flächenbearbeitung ist, daß die Drehrichtung des Werkzeugs häufig als feine Schmirgelriefen zu erkennen ist.

Abb. 120. Einziehen von Fahrradnippeln.

Abb. 121. Einziehen von Schlitzschrauben.

Die nachgiebigen Schleifscheiben kommen fast nur in Verbindung mit biegsamen

Abb. 122. Schleifen von Mähmessern mit freitragendem Schleifdorn.

Abb. 124. Winkelkopf zum Holzschliff beim Schleifen von Türrahmen.

Abb. 123. Überschleifen von Schienenstößen.

Abb. 125. Schleifen von Flächen mit Winkelgetriebe, Segmentscheiben und Wasserkühlung.

Abb. 126. Nachgiebige Holzgummiwalze beim Glätten eines Modells.

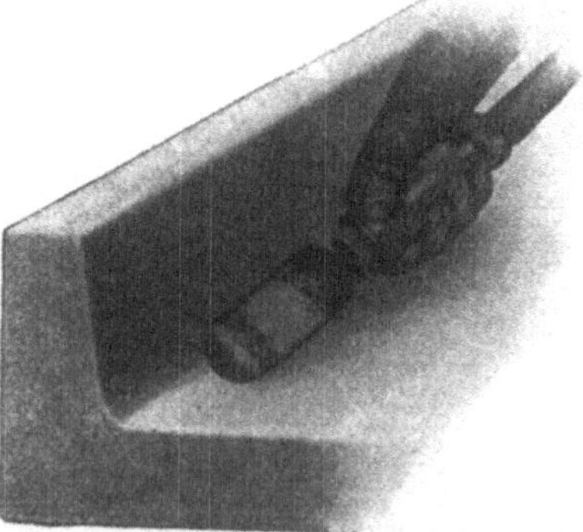

Abb. 127. Polierholz mit Schmirgelbelag beim Bearbeiten einer Rundung.

Wellen zur Anwendung und bestehen gewöhnlich aus schmiegsamen Stahlscheiben, auf die Filzscheiben als nachgiebige Kissen und Leinenscheiben mit einem Schmirgelbelag genietet sind. Die Schmirgelscheiben müssen sich wegen ihrer Abnützung leicht auswechsln lassen. Die Drehzahlen liegen zwischen 1500 und 3500 Umdr./Min. (Abb. 129).

6. **Bürsten** kommen mit biegsamen Wellen in den verschiedenartigsten Formen zur Anwendung (vgl. Abschn. über Bürsten, S. 60). Als Beispiel einer Anwendung sei angeführt, daß eine spiralförmig auf Holz gezogene Roßhaardrahtbürste (von 130 mm Durchmesser) mit Wildledereinsatz bei 1500 Umdrehungen günstig arbeitet, also mit etwa 10 m/Sek. Umfangsgeschwindigkeit. Dieselben Drehzahlen sind üblich für Bürsten zum Putzen, Bürsten und Striegeln für Tiere, wie Pferde, Schafe, Rinder und dgl.

Abb. 128. Gummischeibe mit endlosem Schleifband.

Abb. 129. Arbeiten mit nachgiebiger Schleifscheibe.

7. Die Gehäuse der **Handhobel** (vgl. S. 71) zum Anschluß an biegsame Wellen sowie die Hobelwalzen sind gewöhnlich aus Aluminium. Die Hobelwalzen selbst sind kugelgelagert und für Drehzahlen von etwa 5000 Umdr./Min. bestimmt. Die beiden Hobelflächen können gleichzeitig mit einer Schraube verstellt werden. Dies ist besonders zum Erzielen einer gleichmäßigen genauen Krümmung auf beiden Flächen wichtig.

Der kleinste Radius für Hohlhobelarbeiten beträgt etwa 15 cm, für Rundungen etwa 20 cm. Eine Länge des Hobelmessers von 75 mm ist üblich (Abb. 130).

Die Schnittmesser sind am Messerkopf festgeschraubt und zum Nachschleifen auswechselbar wie bei jeder Hobelmaschine.

Zum Aufrauhen von Fournieren u. dgl. sind die eingesetzten Messer gezahnt. Dabei ist der Spanabhub einstellbar nach Holzart und Fournierstärke. Es ist damit eine ganz gleichmäßige Arbeit zu erzielen. Auch zum Ebnen und Abhobeln von Astlochdiebeln sind solche Handkrafthobel sehr geeignet.

Abb. 130. Hobelapparat für Hohl- und Rundstellung mit schnellumlaufendem Messerkopf.

8. **Kreissägen** mit Anschlägen und Führungsvorrichtungen werden zum Ziehen von Zierrillen in Holz benutzt. Die Führungsplatte für das Sägeblatt ist einstellbar für bis zu 70 mm von der Kante entfernte Rillen. Rillen mit Kurven oder größeren Abständen von der Außenkante werden zweckmäßigerweise mit einer Schablone gezogen. Die Rillentiefe ist durch einen auswechselbaren Ring, der sich beim Arbeiten auf dem Holz abwälzt, einstellbar.

Zum Sägen von Vertiefungen, schrägen Einschnitten und Fischbandeinsägungen in der Fensterfabrikation dienen besondere Vorrichtungen, in denen das Sägeblatt in jeder Richtung bewegt und verstellt werden kann (Abb. 131).

9. **Werkzeuge mit hin- und hergehender Bewegung** sind Stichsägen, Feilen und Rutscher. Sie sollen die bei der umlaufenden Bewegung auftretenden Mängel, wie schlechtere Zugänglichkeit und Kreisrillen, durch die hin- und hergehende Bewegung der Handarbeit ersetzen. Das mechanische Arbeitsverfahren gleicht die Unsicherheit der Hand, die sich bei Bearbeitung von ebenen Flächen bemerkbar macht, aus und vervielfacht durch rasche Bewegung das Ergebnis der Handarbeit. Die Geschwindigkeit solcher Werkzeuge sind 1000 bis 1500 Schwingungen/Min. Der Hub ist naturgemäß eng begrenzt. Der Antrieb erfolgt gewöhnlich durch Winkeltrieb. Die hin- und hergehende Bewegung wird durch Führungsrollen erzeugt. Alle Teile müssen vollkommen im Fett arbeiten.

Die maschinelle Feile besitzt infolge ihrer nachstellbaren Laufflächen eine genaue Führung. Sie dient zum Bearbeiten von Kanten, Ecken, Durchbrüchen an Stanzen und Schnitten (Abb. 132), sowie zum Schaben unter Verwendung des entsprechenden Einsatzes. Durch Einsetzen eines Sägeblatts können auch Sägearbeiten an Durchbrüchen in Holz geleistet werden, doch ist die Mehrleistung gegenüber Handarbeit nur gering.

Abb. 131. Fischbandeinsägevorrichtung.

Abb. 132. Strichfeile beim Ausfeilen eines Statorschnittes.

Sogenannte Rutscher zum Flächenschleifen und Spachteln von Spachtel- und Lackgrund in hin- und hergehender Bewegung haben einen auswechselbaren Schleifbelag von wasserfestem Schleifpapier (statt Bimsstein). Sie legen einen Weg von etwa 90 bis 110 m/Min. zurück (Abb. 133). Der Wassereintritt erfolgt durch einen parallel zur biegsamen Welle und zum Anschlußstück gelegten Schlauch, der Wasseraustritt zwischen den beiden Schleifkörpern. Der Rutscher muß deshalb nach außen gut abgedichtet sein. Die Antriebsleistung liegt zwischen 250 und 350 Watt. Alle hin- und hergehenden Werkzeuge haben einen höheren Verschleiß als die umlaufenden.

Es gibt auch durch biegsame Wellen angetirebene Schabevorrichtungen zum Schaben von gehobelten Führungen, wie Maschinenbetten u. dgl. Die äußere Form ähnelt einem Handhobel. Das Schabemesser, das am vorderen Teil des Hobels durch eine Schraube zugestellt werden kann, ist nach verschiedenen Profilen ausführbar. Der Hub ist am Handgriff (durch Schwinghebel und Pleuelstange) und die Spanstärke ebenfalls durch Schraube verstellbar. Der Kraftbedarf beträgt nur etwa 200 Watt.

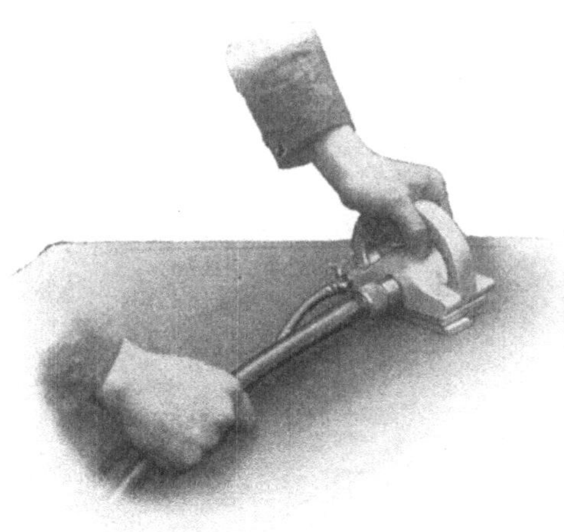

Abb. 133. Rutscher beim Schleifen von Spachtel.

10. Scheren. Kleine Kraftscheren werden zum Schneiden von Metall und Eisenblechen aller Art bis etwa 4 mm Stärke, sowie von Pappe, Preßspan u. dgl. auf die biegsamen Wellen aufgesetzt, die aus beweglichen und feststehenden Messern bestehen. Die Scherbewegung wird dabei entweder durch Abrollen zweier Messer, deren Räder-Umlaufgeschwindigkeit etwa 4 bis 5 m/Sek. beträgt, oder durch eine exzentrische Scherbewegung des Messers erzielt. Bei exzentrischer Anordnung führt das bewegliche Messer einen Hub von etwa 2 mm bei 3000 Umdr./Min aus. Da viele Einzelschnitte ausgeführt werden, ist der Kraftbedarf im Gegensatz zur Handschere sehr gering. Das Handstück wird ohne jede Kraftanstrengung entlang der vorgezeichneten Trennlinie geführt.

11. Kesselreinigungswerkzeuge. Rohr- und Flächenreiniger mit Schlagradwellen und Klopfbürsten dienen zur Entfernung von Kesselstein, Hammerschlag und sonstigen schädlichen Ansätzen, sowie zum Entrosten und Entzundern an Kondensatoren ab 18 mm l. W. und von Kesselüberhitzern und Siederohren bis etwa 150 mm l. W. mit geraden und gebogenen Rohren. Sie werden ausgeführt für Rohrlängen bis zu 10 m.

Ursprünglich wurden diese Werkzeuge nur zum Abklopfen von Kesselstein aus Flammrohr und Röhrenkesseln benutzt, doch wurde das Anwendungsgebiet durch Schaffung vieler neuer Werkzeuge erweitert. Zu diesen Werkzeugen gehören Drahtbürsten, Schlagbürsten, Stiftbürsten, Schlagkörper und Klopfer mit Klöppel und Rädereinsätzen, Nietkopfreiniger und Sporenbohrköpfe. Die pendelnd aufgehängten Schlagteile werden gewöhnlich durch Zentrifugalkraft gegen die Wandungen geschleudert. Dabei sind immer mehrere Schlagkörper hintereinander auf dem Arbeitszopf der biegsamen Welle oder eines gewöhnlichen Drahtseils aufgereiht. Je nach der Zahl der umlaufenden Schlagrädchen (3 bis 36) ergeben sich bei 3000 Motorumdrehungen 9000 bis 108000 Klopfschläge je Minute. Die Werkzeuge werden in die Rohre eingeführt.

Bei offenen Arbeiten an Wandungen, wo die Klopfstränge nicht in Rohre eingeführt werden, sind Schutzvorrichtungen und Staubbrillen für den Arbeiter erforderlich. Der Rost und Staub wird beim Entrosten und Kesselreinigen durch gleichzeitig angesetzte Gebläseanlagen abgesaugt, sofern kein Abspülen durch Flüssigkeit oder Druckwasser stattfindet.

Es gibt auch Reinigungswerkzeuge, die nicht durch biegsame Wellen oder Druckluft angetrieben werden, sondern die sich selbst durch vor die Reinigungswerkzeuge eingebaute Turbinen in Umlauf setzen. Dies gilt hauptsächlich für flüssige Reinigung. Sie werden mit einem Drahtseil durchgezogen und durch den Widerstand der Flüssigkeit in den Rohren gedreht.

Zum Schluß seien noch die verschiedenen Werkzeuge zum Scheren von Pferden, Schafen und Rindern erwähnt, bei denen zwei kammartige Messer scherenartig übereinander greifen. Je nach der Art des Tieres ist der Scherkamm auszuwählen. Als Drehzahl kommen etwa 1000 Umdr./Min. in Frage.

K. Schlagwerkzeuge (außer Preßluft).

Die Schlagwerkzeuge zerfallen in: Hämmer mit mechanischem Getriebe, Hämmer mit magnetelektrischem Antrieb, Hämmer mit vereinigtem elektromechanischem Antrieb und elektropneumatische Hämmer.

I. Hämmer mit mechanischem Getriebe.

Bei den Hämmern mit mechanischem Getriebe erfolgt der Antrieb durch Kurbeltrieb oder biegsame Welle oder mit eingebautem Elektro- oder Verbrennungsmotor. Die Schlagorgane werden durch Nockenscheiben oder Feder betätigt oder

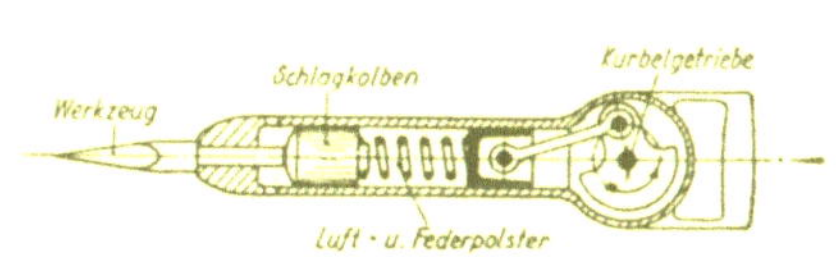

Abb. 134. Kurbeltriebhammer.

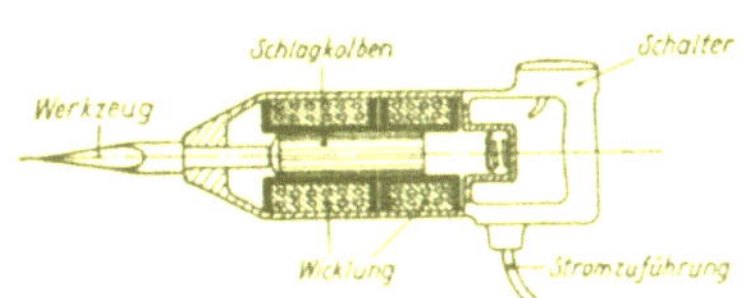

Abb. 135. Solenoidhammer.

durch Zentrifugalkraft geschleudert. Als Zwischenglieder dienen Luft- oder Federpolster (Abb. 134). Zu den Hämmern mit Antrieb durch biegsame Welle gehören z. B.: Kurbeltriebhämmer AJAX, Enumeha, Epeha, Nauck-Hahn, Torax, Werkwart, Bohrhammer Pinneberg, Püschel, Siemens. Zu den Hämmern mit eingebautem Elektromotor z. B.: Kurbeltriebhämmer AJAX, Black & Decker, Schieferstein, Stow. Zu den Hämmern mit Schleuderkörpern z. B.: Küppers, Georgewitsch-Langlois.

II. Hämmer mit magnet-elektrischem Antrieb.

Bei den Hämmern mit magnet-elektrischem Antrieb wird ein Eisenkern zwischen zwei Spulen hin- und herbewegt (Hufeisen-Magnethämmer) oder in eine oder mehrere Solenoidspulen hineingezogen (Solenoidhämmer) (Abb. 135). Der Eisenkern ist dabei Schlagorgan. Schwierigkeit macht die funkenlose Stromunterbrechung bei Umschaltung der Stromkreise und die Vermeidung starker Erwärmung, außerdem sind oft noch Gleichrichter oder Umformer und dergl. erforderlich.

Zu den Hämmern mit magnet-elektrischem Antrieb (Solenoidhämmer) gehören z. B.: Werner Siemens, Marvin, Depoele, Meißner (SSW), Syntron, Schüler (Tornado), Schiemann, Späth, Thauma, Bewi, Simbi, Alko.

III. Hämmer mit elektro-mechanischem Antrieb.

Bei den Hämmern mit vereinigtem elektro-mechanischem Antrieb sind Gedanken aus beiden Systemen miteinander vereinigt, und es gibt viele zwar fein durchdachte, aber etwas umständliche Ausführungen. Auch die Umwandlung der Drehbewegung eines in ein Schlagwerkzeug eingebauten Motors in Schlagarbeit gehört in diese Gruppe (Abb. 136). Es gibt sehr viele patentierte Konstruktionen, von denen nur wenige noch gebaut werden, da sie den hohen Beanspruchungen, die bei Schlagarbeit an das Material gestellt werden, auf die Dauer nicht gewachsen waren und nur eine kurze Lebensdauer besaßen. Besonders leiden elektrische Teile, Kontakte und Wicklungen durch die ständigen Erschütterungen. Andere Ausführungen fallen schwer aus und besitzen im Verhältnis zu ihrem Gewicht eine geringe Schlagstärke. Hämmer mit vereinigtem elektro-mechanischem Antrieb sind z. B. von: Bergmann (Bego-Hammer), Charles Guenee, Prater & Kunze, Küppers, doch sind diese von der Gruppe rein mechanischer Hämmer schwer zu trennen.

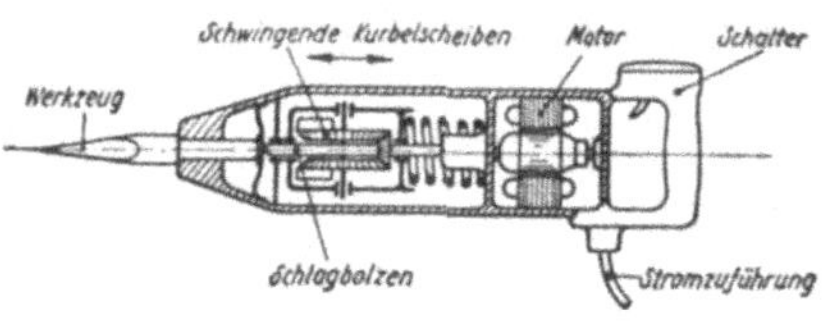

Abb. 136. Elektrisch-mechanischer Hammer.

IV. Elektro-pneumatische Schlagwerkzeuge.

Die Preßluftwerkzeuge sind abhängig von einer meist ortsfesten Kompressoranlage mit Zubehörteilen, wie Kühlung, Windkessel, Ventilen, Rohrleitungen und dgl. (Abb. 150). Zur Benutzung nur eines Preßluftwerkzeugs muß eine ganze Anlage in Betrieb gesetzt werden, was teuer ist.

Abb. 137. Einschlauchhammer.

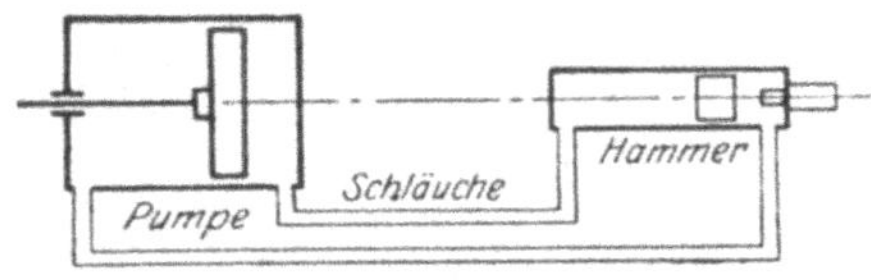

Abb. 138. Zweischlauchhammer.

Es gibt nun Schlagwerkzeuge, die ebenfalls Luft als Zwischenglied zwischen Schlagkolben und Antriebsteil verwenden, aber nicht mit konstantem Drucke, sondern mit einer schwingenden, d. h. hin- und hergehenden Luftsäule arbeiten, da Luft sich gegenüber stoßartiger Druckbelastung bei Schlagwerkzeugen als das beste Zwischenglied bewährt.

1. Entwicklung. Einen kleinen Einschlauchhammer (Abb. 137), der durch eine schwingende Luftsäule betrieben wurde, ließ sich im Jahre 1882 ein Berliner Zahnarzt names Telschow für Zahn-Plombierarbeiten patentieren. Diesem Patent ließ Telschow bis 1892 drei weitere Patente folgen, worunter auch ein Zweischlauchhammer enthalten war (Abb. 138). Dann folgten weitere Patente auf Ein- und Zweischlauchhämmer durch die Zahnärzte A. Pelham und R. Root in Plymouth (1896) und G. Asmussen, Hamburg (1904), ferner durch Siegmund Schuckert (1900) und in Frankreich durch den Franzosen Turpin im Jahre 1906. Einen Wechselstromhammer mit etwa 2000 sehr kurzen Luftschwingungen/Min. baute Curti (Italien) und Syncro (Spanien) im Jahre 1920. Die Curti-Hämmer größerer Leistung müssen als Zweischlauchhämmer ausgeführt werden. Ähnliche Kleinhämmer mit ortsfestem Kompressor baut auch Brusa (Italien).

Im Jahre 1911 griff der aus dem Großlufthammerbau hervorgegangene Berner, Nürnberg, diese Konstruktionen wieder auf und schuf mit Emil Fein, Stuttgart, einen neuen patentierten elektropneumatischen Wechsellufthammer, der von allen nicht durch Preßluft betriebenen Schlagwerkzeugen größte Verbreitung und beste Bewährung gefunden hat.

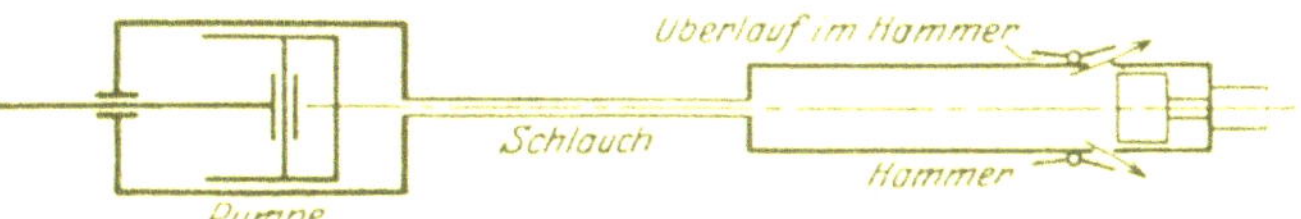

Abb. 139. Überlaufklappen nach Berner.

Die schwingende Luftsäule dieses Hammers wird in einer durch Elektro-

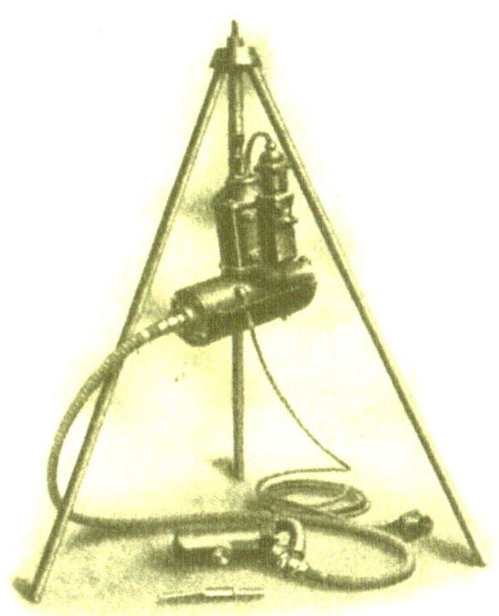

Abb. 140. Feinhammermodell 1913.

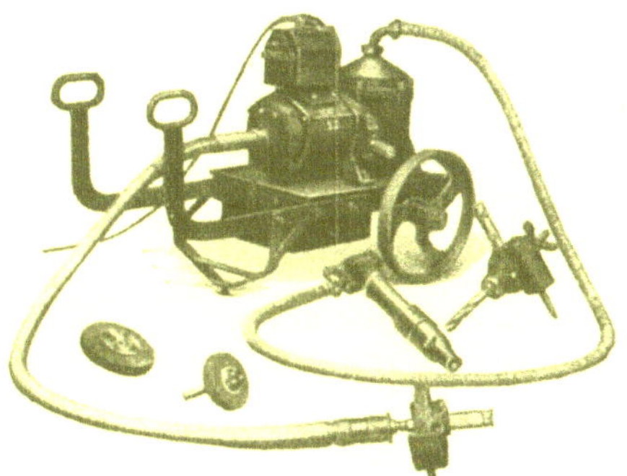

Abb. 141. Elektropneumatische Anlage zum Nieten und Meißeln.

Abb. 142. Antrieb durch Verbrennungsmotor.

(Abb. 141) oder Verbrennungsmotor (Abb. 142) angetriebenen Luftpumpe erzeugt, die ihre einzelnen Schwingungen durch einen Schlauch in das Schlagwerkzeug überleitet und dort den Schlagkolben auf- und abbewegt. Durch Anbringung von Überlaufklappen an der Schlagpistole, die den Überdruck hinter dem Schlagkolben im Schlagpunkt entweichen lassen, wird ein rascher Wechsel von Überdruck zu Unterdruck herbeigeführt (Abb. 139). Diese Anordnung ergibt einen ausgezeichneten Wirkungsgrad, der dadurch erhöht wird, daß der Pumpenhub beim Hin- und Rückgang für die Schlagkolbenbewegung ausgenützt ist.

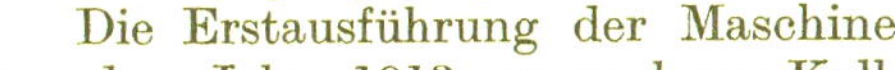

Die Erstausführung der Maschine aus dem Jahre 1913 war noch am Kollektorlager des Motors mit vertikaler Welle aufgehängt (Abb. 140). Heute wird eine solche elektropneumatische Anlage auf einem leicht beweglichen zweirädrigen Karren aufgebaut (Abb. 141 und 143), doch kann die Beförderung der Anlage infolge des geringen Gewichts von 100 bis 160 kg auch an einem Kranhaken oder durch ein Traggestell erfolgen. Die Inbetriebsetzung der Luftpumpe erfolgt durch einfaches Anschließen des Kabels an die nächste geerdete elektrische Leitung mit Stecker und Kupplung. Durch Drehen des Anlaßhebels wird die Maschine in Betrieb gesetzt und ebenso wieder ausgeschaltet. Die Unterhaltung und Wartung beschränkt sich auf Schmieren mit der Ölkanne und zeitweise Reinigung.

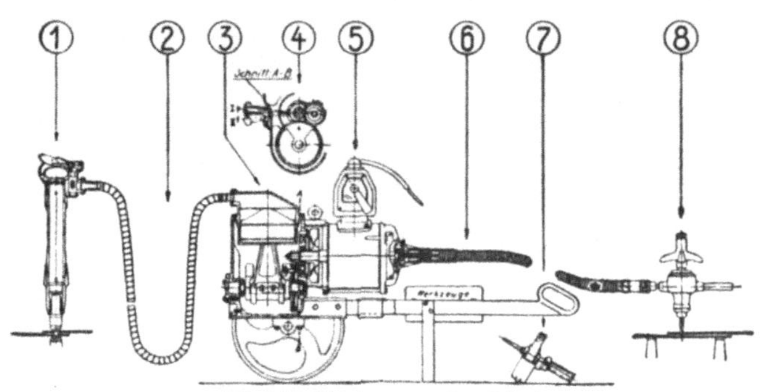

Abb. 143. Feinhammer im Schnitt.

1 Schlagpistole
2 Schlauch
3 Pumpe
4 Ausrückvorrichtung
5 Motor mit Anlasser
6 Biegsame Welle
7 Schleifhandstück
8 Bohrapparat

2. Einschlauchhammer. Bei den Einschlauchhämmern treten in der Pumpe Drücke von 0,5 at Unterdruck bis 1,4 atü (Überdruck) auf, in der

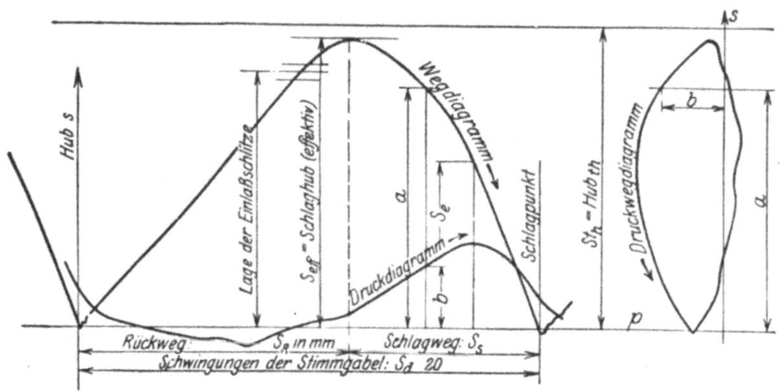

Abb. 144. Weg- und Druckwegdiagramm.

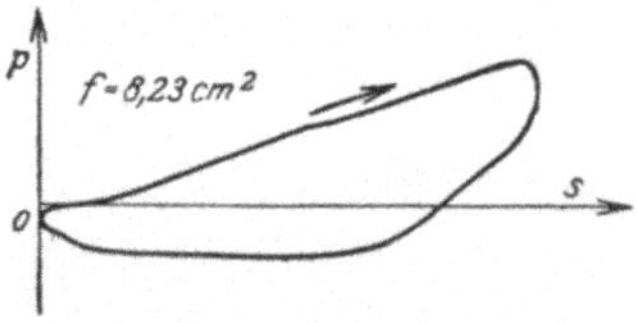

Pistole Drücke von 0,4 at Unterdruck bis 1,7 atü. Infolge dieser niedrigen Drücke und da keinerlei Verluste durch Windkessel, Rohrverbindungen, Druckabfall in langen Leitungen und dgl. auftreten, ergibt sich ein äußerst geringer Kraftverbrauch dieser Anlagen.

Abb. 145. Pumpendiagramm.

Das Schaubild des Hammers (Abb. 144) und der Pumpe (Abb. 145) zeigt Weg- und Druckverlauf. Kurz vor dem Schlagpunkt tritt, wie im Schaubild deutlich sichtbar, die größte Beschleunigung auf, während sich der Überdruck rasch in Unterdruck verwandelt, so daß nirgends schlaghemmende Verzögerungen und Auswirkungen auftreten, eine Folge dieser Anordnung mit Überlaufklappen. Das allmähliche Umkehren in der hinteren Kolbenstellung (im Schaubild als deutliche Rundung sichtbar) gibt die Erklärung dafür, daß der Arbeiter beim Bedienen der Pistole fast keinen Rückschlag empfindet. Erzeugt wird diese allmähliche Umkehr durch ein im hinteren Hammerteil wirkendes Luftpolster.

Die Endgeschwindigkeiten der Schlagkolben bewegen sich je nach der Größe des Hubes zwischen 7,5 und 13 m/Sek., die Schlagkraft je nach der Größe des Hammers zwischen 1,0 und 7,0 mkg/Schlag oder 600 bis 4000 mkg/Min. Die Bestimmung der Endgeschwindigkeit V_e geschieht aus der Tangente an den Schlagweg im Schlagpunkt. Die Wucht des Schlages (Schlagstärke) N_e in mkg errechnet sich aus der Beziehung $S_e = {}^1/_2\, m\, V^2_e$, wobei V_e die Endgeschwindigkeit in m/Sek. und m die Masse der bewegten Teile $\frac{G}{g} = \frac{G}{9{,}81}$ darstellt. Die Schlagzahl der Pistolen liegt zwischen 560 und 600 Schlägen in der Minute und wird zwangsläufig durch die Motordrehzahl bestimmt.

Zahlentafel 31. Über Pumpen und Schlagpistolen.

Pumpe	Schlagpistolen								Zum Meißeln		
	Anzahl	Schlauchlänge in m	Gewicht in kg	Konstruktionsnieten mm Schaft Ø	Kesselnieten mm Schaft Ø	Kaltnieten mm Schaft Ø	Nietdöpper Abmessungen Schaft- Ø in mm	Nietdöpper Abmessungen Schaft- Länge in mm	Art der Meißelarbeit	Meißelabmessungen Schaft- Ø in mm	Meißelabmessungen Schaft- Länge in mm
Kleine Pumpe	1	4	0,6	—	—	—	—		sehr feine	10	40
250 Watt	1	4	0,7	—	—	—	—		feine	10	40
etwa 720	1	3	1,0	—	—	2,5—3	10	40	mittelstarke	10	40
Schläge/Min. 22 kg Gew.	1	2	1,4	—	—	3—5 (5 – 7 Cu.Al.)	14	40	starke	14	40
Große Pumpe	2	4	1,0	—	—	2,5—3	10	40	mittelstarke	10	40
2200 Watt	2	4	1,4	—	—	3—5	14	40	starke	14	40
etwa 560	1	5	4,5	—	—	—	—		leichte	17,5	60
Schläge/Min.	2	4	4,5	—	—	—	—		„	17,5	60
150 kg Gew.	1	5	6,4	10	—	6	17,5	60	„	kon. Schaft	
	2	3	6,4	10	—	6	17,5	60	„	„	„
	1	5	8,8	19	16	8	31	70	schwere	„	„
	2	2	8,8	16	—	8	31	70	„	„	„
	1	4	9,4	22	19	10	31	70	—		—
	1	3	12	28	25	12	31	70	—		—

3. Leistungsprüfung. Der Wirkungsgrad der Anlage läßt sich durch Vergleich der vom Motor aufgenommenen Energie mit der Schlagstärke des Hammers bestimmen, und man erhält je nach Anschluß verschieden großer Pistolen an den Pumpen Wirkungsgrade von 23 bis 27 vH, wogegen bei Preßluftanlagen Gesamtwirkungsgrade von nur 7 bis 11 vH errechnet werden.

Über die gebräuchlichen Abmessungen und Gewichte der einzelnen Anlagen und Schlagpistolen diene die Zahlentafel 31. Die Prüfung der Pumpen bzw. Schlagwerkzeuge kann in folgenden Einrichtungen bzw. nach folgenden Verfahren ausgeführt werden.

1. Indizierversuche in einem besonderen Versuchsstand (Abb. 146). Der Schlagkolben trägt einen Indizierstab mit Schreibstift, der durch einen Hohldöpper geführt wird und den Schlagweg auf einer Trommel aufzeichnet. Die Zeitmessung erfolgt durch Stimmgabel. Gleichzeitig wird der Druck durch einen optischen oder mechanischen Indikator gemessen.

Die Druck- und Wegindizierversuche geben über alle Verhältnisse genauen Aufschluß, sie sind jedoch empfindlich und zeitraubend (Abb. 144).

2. Kalottenvergleichsverfahren (Abb. 147). Man läßt einen Hammer 10 Sek. lang auf eine Kugel bestimmten Durchmessers einwirken und mißt den erzielten Eindruck (Kalotte) aus.

Die erhaltenen Durchmesser dienen als Vergleichsmaßstab für die Hammerwirkung. Dieses Dauerkalottenverfahren nach E. Fein ist am einfachsten, gestattet jedoch nur eine Vergleichsmessung.

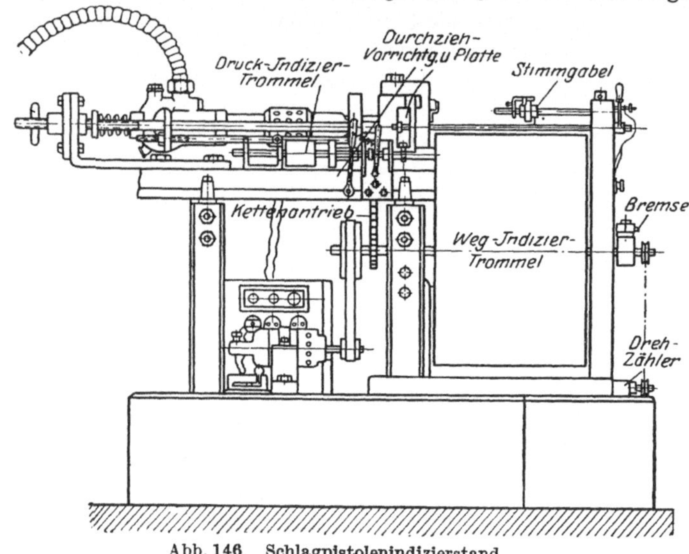

Abb. 146. Schlagpistolenindizierstand.

3. Durchziehkalottenverfahren (Abb.146). Ein Versuchseisen wird vor dem Kugeldöpper eines Hammers während des Schlagens vorbeigezogen, so daß die verschiedenen Kugeleindrücke einzeln nebeneinander gemessen und verglichen werden können. Die Eindruckdurchmesser werden mit solchen verglichen, die in einem Fallwerk durch bekannte Fallgewichte aus verschiedenen Fallhöhen erzeugt wurden, wodurch die Schlagstärke der Hämmer mit ziemlicher Annäherung bestimmt wird.

Das Verfahren der Durchziehversuche ist bequem und einfach, jedoch von der Rückprallziffer der Versuchsstangen, vom Kugeldurchmesser und dem Prüfungsstand abhängig.

4. Hubgewichtsverfahren (Abb. 148). Von einem senkrecht eingespannten Hammer wird ein Hubgewicht, das auf das Schlagkolbengewicht abgestimmt ist, durch jeden Schlag in die Höhe gehoben und die Höhe auf einem vorbeigezogenen Papierstreifen gemessen. Aus der Höhe läßt sich die vom Hammer abgegebene Leistung errechnen, da alle Daten, wie Schlagkolbengewicht, Schlagzahl und Masse des Hubgewichts, bekannt sind.

Die Ergebnisse geben eine vom Werkstoff (Kalottenstange) unabhängige Beurteilungsmöglichkeit, entsprechen aber den Verhältnissen der Praxis nur zum Teil.

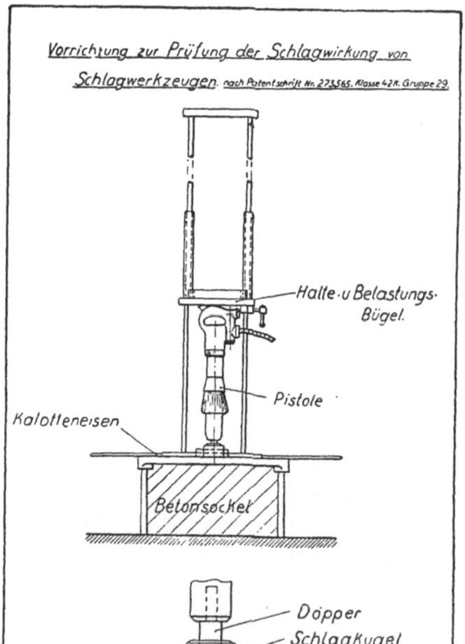

Abb. 147. Dauerkalottenstand nach Emil Fein, D.R.P.

4. Zweischlauchhammer. Für große Leistungen, insbesondere zur Erzielung eines kräftigen Schlages sind auch Anordnungen mit zwei Schläuchen üblich, wobei entsprechend den zweistufigen Kompressoren auf beiden Kolbenseiten gedrückt wird (Abb. 138). Der Kolbenrückhub wird hierbei zum Zurücksaugen des Schlagkolbens mit herangezogen.

Die Zweischlauchhämmer werden als schwere **Gesteinsstoßbohrmaschinen** für Bohrtiefen bis zu 6 m gebaut, wobei die Dreh- bzw. Bohrerumsetzung durch Drallnuten im Schlagkolben erfolgt. Die Ausführung erfolgt dabei entweder im engen Verfolg der schwingenden Luftsäule mit Drücken bis maximal 2,5 atü ohne Ventile und Kühlung oder in Anlehnung an Preßluft mit Drücken bis 3,5 atü unter Anordnung von Windkessel und Überdruckventil. Im äußeren Auf- und Zusammenbau bestehen dagegen wenig Unterschiede. Der Motor ist durch ein Vorgelege mit der Zweizylinderluftpumpe verbunden und die ganze Anlage auf einem vierrädrigen, auf Schienen fahrbaren Karren befestigt (Abb. 149). Die Bohrmaschine selbst ist auf einem Säulenfuß gelagert und mit automatischem Vorschub versehen. Wichtig ist die leichte Auswechselbarkeit der Bohrer.

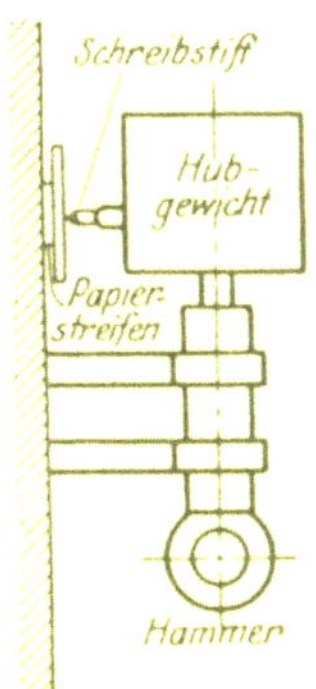

Abb. 148. Hubgewichtsverfahren (Versuchsanordnung.)

Auch **Gleisstopfmaschinen** zum Unterstopfen des Stopfgutes bei Eisenbahnschwellen werden mit schwingenden Luftsäulen gewöhnlich nach dem Zweischlauchhammerprinzip gebaut. Sie sind neben reinen Preßluftstopfhämmern sehr verbreitet. Der Antrieb der Luftpumpe erfolgt durch kleine Verbrennungsmotoren, die so gebaut sein müssen, daß sie bei ihrer Benützung neben oder zwischen den Geleisen nicht über das Profil emporragen. Die Kolben des Verbrennungsmotors und des Luftverdichters werden dabei von derselben Kurbelstange gleichzeitig betätigt, so daß die Hubzahl des Ver-

Abb. 149. Gesteinstoßbohrmaschine mit 2 Schläuchen.

brennungsmotors gleich der Hubzahl des Verdichters ist. Die ganzen Stopfmaschinen sind gewöhnlich auf Kufen angeordnet, so daß sie beim Stopfen leicht von Schwelle zu Schwelle nachgezogen werden können.

5. Preßluft und elektropneumatische Hämmer. Gegenüber Preßluft gelten dieselben Gesichtspunkte wie für die übrigen Elektrowerkzeuge. Die Handhabung und Bedienung der Schlagwerkzeuge erfolgt in derselben Art und Weise wie bei den Preßlufthämmern. Die Einfachheit und Beweglichkeit der elektropneumatischen Anlage zeigt am deutlichsten eine Gegenüberstellung ihrer Bestandteile, Gewichte und des Kraftbedarfs mit Preßluftanlagen (Abb. 150).

Bestandteile einer Preßluftanlage:

1. Kompressor mit Leistungsregler, Riemen und Losscheibe.
2. Kühlwasserkasten mit Kühlwasserpumpe.
3. Luftansaugfilter.
4. Fundament oder Fahrgestelle mit Schutzbau oder Verschalung.
5. Antriebsmotor.
6. Antriebsriemen.
7. Vollastanlasser und elektrisches Zubehör.
8. Druckluftkessel.
9. Ventilhahnen, Manometer, Regler u. dgl.
10. Verbindungsrohrleitungen mit Abzweigstellen.
11. Schläuche.
12. Schlagwerkzeug.

Abb. 150. Elektropneumatische Hammeranlagen bei Montagearbeiten.

Bestandteile eines Feinhammers:

1. Motorpumpe mit Anlasser.
2. Trag- oder Fahrgestell.
3. Schlauch.
4. Schlagwerkzeug.

Ein elektropneumatischer Niethammer benötigt z. B. für 25 mm-Nieten nur etwa 2,3 bis 3 PS, wogegen ein gleichstarker Preßlufthammer mit 0,7 bis 0,8 m^3 Luftverbrauch etwa 4,5 bis 5,6 PS Antriebsleistung erfordert (1 m^3 Preßluft = 6,5 bis 7 PS gerechnet). Nachteilig für den elektropneumatischen Hammer ist die Abhängigkeit von einer bestimmten Schlauchlänge (3 bis 10 m üblich).

In Abb. 150 ist ein Vergleich für Anlagen mit 3 Nietpistolen von 23 mm Nietleistung durchgeführt, in dem die beiderseitigen Verhältnisse und Arbeitsweisen dargestellt sind. Auch ein Vergleich von elektrisch und durch Preßluft betriebenen Nietfeuern ist durchgeführt.

In jedem einzelnen Falle müssen jedoch örtliche Verhältnisse, wie Aufstellung einer Anlage für mehrere Werkabteilungen, sowie Bedarf an Preßluft zu anderen

Arbeiten, wie Stampfer, Sandstrahl- und anderen Gebläsen und dgl., besonders berücksichtigt werden.

Erwähnt sei noch, daß auch der elektropneumatische Hammer nach Einbau eines Rückschlagventils zum Betrieb einer kleinen Farbspritzpistole benützt werden kann. Doch dürfte er zum Betrieb einer Farbspritzpistole allein unwirtschaftlich arbeiten. Eine Farbspritzpistole kommt daher nur als Ergänzungswerkzeug in Frage.

6. Anschlußmöglichkeit einer biegsamen Welle. Ferner ist auch der Anschluß einer biegsamen Welle an den Motor der Pumpe möglich. Die Pumpe kann dabei durch eine Ausrückvorrichtung abgeschaltet werden (Abb. 151). Es können

Abb. 151. Überschleifen von Schienenstößen.

dadurch mit einer Maschine Arbeiten sowohl der schlagenden wie auch der drehenden Bewegung ausgeführt werden. Die elektropneumatische Anlage läßt sich also einmal für Schlagarbeiten, wie Abklopfen, Entnieten und dgl., sodann auch für Schleifarbeiten, wie Verputzen, Bürsten, oder zum Bohren ausnützen.

Die Drehbewegung der biegsamen Welle zerlegt sich nochmals nach zwei Richtungen, nämlich für hohe Drehzahlen von etwa 3000 Umdr./Min. zum Schleifen, Polieren und Schwabbeln und durch Anschluß eines Schneckengetriebes für niedere Drehzahlen von etwa 100 bis 200 Umdr./Min. zum Bohren, Aufreiben, Schraubenziehen und dgl. (Vgl. Abschnitt über Werkzeuge von biegsamen Wellen s. S. 86.)

7. Metallbearbeitung. Bei der Metallbearbeitung kommen folgende Arbeiten in Frage: Nieten, Meißeln, Gußputzen, Abgraten, Stemmen, Verstemmen, Hämmern, Treiben, Entnieten, Entrosten, Aushauen und dgl. Die hauptsächlichsten dieser Arbeiten sind im folgenden kurz erläutert:

Beim Nieten geht die meiste Zeit durch Zubring- und Vorbereitungsarbeiten verloren, so daß die Nietzeit nicht die allein ausschlaggebende Rolle spielt. Andererseits darf sie je nach dem Nietdurchmesser nicht unter ein Mindestmaß gehen, weil ein Niet, der nach dem

Schlagen noch zu warm ist, keinen genügenden Schließdruck ausüben kann. Sie darf aber auch einen Höchstwert nicht überschreiten, weil sich sonst der kalt gewordene Nietkopf nicht mehr voll ausbilden läßt. In der folgenden Zahlentafel 32 sind einige Erfahrungswerte mit Konstruktionsnieten angegeben.

Beginn der Nietung beim Übergang von weiß in rotwarm:

Zahlentafel 32.

Nietschaft-durchmesser	Nietzeit		
	Mindest- fertiger Niet noch rot, beginnt außen blau zu werden	Normal- fertiger Niet rotwarm und blau	Höchst- fertiger Niet zur Hälfte blau
mm	Sek.	Sek.	Sek.
28	16—20	18—25	28—34
22	11—15	15—22	21—26
16	7—10	10—14	12—16
12	5—7	6—9	8—12

Als Faustregel für die Nietzeit (obere Grenze) kann gelten, daß der Nietschaftdurchmesser in mm etwa gleich der Nietzeit in Sekunden gesetzt werden kann. Voraussetzung für die Angaben der Zahlentafel ist, daß die Nieten in gut rotwarmem Zustand zum Vernieten kommen. Die Grenze für Eisenkaltnietung liegt bei 10 bis 12 mm Schaftdurchmesser. Da beim elektro-pneumatischen Hammer die Schlagzahl konstant an die Motordrehzahl gebunden ist, so konnten aus den Nietzeiten und den Schlagleistungen der einzelnen Hammertypen, die für einen gewissen Nietquerschnitt erforderlichen (mkg) Meterkilogrammzahlen festgehalten und in Beziehung zum Nietdurchmesser gesetzt werden, wie dies aus Abb. 153 zu entnehmen ist. Im allgemeinen kann man bei Konstruktionen (Abb. 152), kleinen Behältern oder Pfannen mit der 1,3 bis 2fachen Leistung, bei Kessel- und Schiffsnieten, wo Niet um Niet gesteckt werden kann, mit der 1,5 bis 3fachen, bei kleinen Nieten sogar mit der 4fachen Leistung gegenüber Handarbeit rechnen, wobei der Vergleichswert auf Arbeitslohnstunden bezogen wird und die Ersparnis an Arbeitern inbegriffen ist. Abb. 154 zeigt die zahlenmäßigen Vorteile gegenüber Handarbeit, wie Wegfall von Arbeitern, kürzere Nietzeit u. dgl. Hierzu kommt noch eine bessere Nietung mit einwandfreier Nietkopfbildung. Über zweckmäßige Nietdöpperabmessungen gibt Zahlentafel 33 nach Normalien von Böhler Aufschluß.

Abb. 152. Nieten im Brückenbau.

Wie sehr die stündlichen Nietleistungen auseinanderliegen können, zeigen zwei Beispiele aus der Praxis. In einer Bauschlosserei wurden täglich 600 Nieten mit 20 mm Schaftdurchmesser, das sind etwa 75 Nieten stündlich geschlagen, eine für die dortigen Verhältnisse ganz außerordentliche Leistung.

In einer Maschinenfabrik, wo für ein flottes Schlagen von Niet an Niet alle Vorbereitungen getroffen waren, kam man bei 20 mm Schaftdurchmesser in angestrengtem Dauerbetrieb auf eine stündliche Nietleistung von 150 Stück.

Zahlentafel 33.

Über Döpperabmessungen nach Normalien von Böhler.

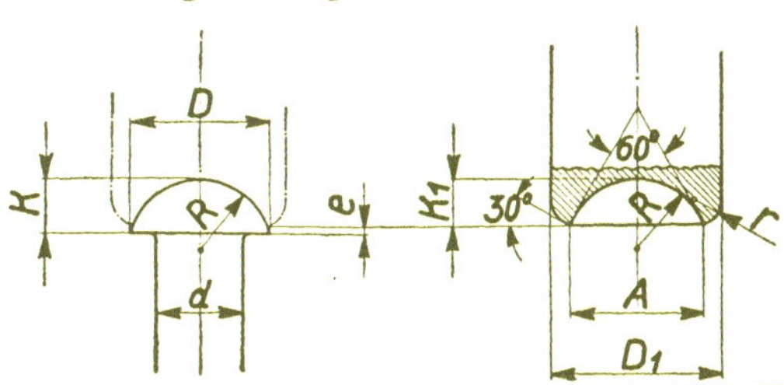

Nietschaftdurchmesser der Kesselnieten	Nietschaftdurchmesser der Eisenkonstruktionsnieten	Abmessungen in mm für Nietkopfdurchmesser D	D 1	R	K	K 1	e	A	r
6	6	10,5	17	5,5	4	3,4	0,6	10,3	6
7	7	12	18,5	6,3	4,5	3,8	0,7	11,7	6
8	8	14	20,5	7,2	5,5	4,7	0,8	13,7	6
9	9	15,5	23	8	6	5,1	0,9	15,1	6
—	10	16	26	8	6,5	5,5	1	15,6	8
10	—	18	29	9,3	7	6	1	17,7	8
—	13	21	33	10,8	8,5	7	1,5	20,6	8
13	—	23	36	11,9	9	7,5	1,5	22,6	8
—	16	26	38	13,4	10	8	2	24,7	8
16	19	30	43	15,4	12	10	2	29,3	8
19	22	35	48	18	14	12	2	34,6	8
22	25	40	54,5	20,5	16	13,5	2,5	39,3	8
25	28	45	60	23,1	18	15	3	44	8

Zum **Meißeln** gehören Arbeiten, wie Verputzen, Abmeißeln, Abkanten, Entgraten u. dgl. Zur Beurteilung der Schlagkraft wird bei Meißelhämmern ein Meißelspan in Flußeisen geschlagen und die Zeit abgestoppt. Die Spanleistung je Minute dient als Anhalt für die Wirtschaftlichkeit. Das Ergebnis ist dabei von Anschliff und Schmierung des Meißels abhängig. Die folgende Zahlentafel 34 enthält einige Zahlenwerte über Meißelhämmer. Zum Vergleich sind auch Angaben von Ludwig[1] sowie von Schiemann[2] über Elektro- und Preßlufthämmer mit in die Zahlentafel 34 aufgenommen.

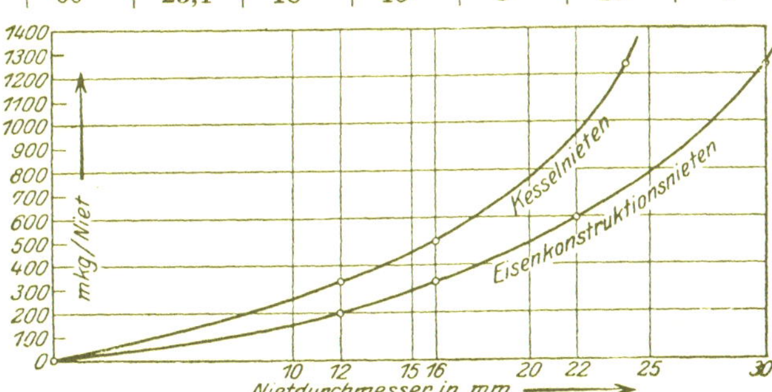

Abb. 153. mkg je Niet in Beziehung zum Nietdurchmesser.

Zahlentafel 34. Über Meißelleistungen.

Art und Größe des Schlagwerkzeuges	Hammergewicht in kg	Mittlere aufgenom. Leistung in Watt	Mittlerer Spanquerschnitt in mm²	Mittleres Spangewicht in g/Min.	Spanleistung in kg/kWh	Ungefähre Schlagleistung des Hammers in mkg/sek
Angaben nach Ludwig: Werkst.-Techn. 1925, S. 756.						
Preßlufthammer 2,2 at. . .	6,6	1500	30	22	0,88	—
Preßlufthammer 5,5 at. . .	6,6	4925	70	53,3	0,65	—
Wechselstromhammer mit Elektromotor	4,3	270	9	4	0,885	—
Gleichstromhammer mit Elektromotor	4,3	300	16	8,7	1,75	—
Wechselstrommagnethammer	5,3	300	14	5,5	1,1	—
Gleichstrommagnethammer.	8,6	336	18	15,6	2,8	—

[1] Werkst.-Techn. 1925, S. 756. — [2] ETZ 1929, S. 1041.

Zahlentafel 34 (Fortsetzung).

Art und Größe des Schlagwerkzeuges	Hammergewicht in kg	Mittlere aufgenom. Leistung in Watt	Mittlerer Spanquerschnitt in mm²	Mittleres Spangewicht in g/Min.	Spanleistung in kg/kWh	Ungefähre Schlagleistung des Hammers in mkg/sek
Kleiner Hammer mit Univ.-Motor	9,6	720	35	33	2,75	
Großer Hammer mit Univ.-Motor	20	1200	43	49	2,45	
Angaben nach Schiemann: ETZ 1929, S. 1041. Topfmagnet-Wechselstromhämmer.						
A	1,6	50	—	4	4,8	
B	3,5	100	—	7	4,2	
C	5,2	200	—	11	3,3	
D	6,1	250	—	14	3,4	
Angaben nach Versuchen von H. Fein mit dem Feinhammer (Anschliff der Meißelschneide 30 bis 60°, Neigung beim Meißeln 8 bis 12°, Schmierung Maschinenöl. Material Eisen von 35 bis 45 kg/mm² Druckfestigkeit, die Zahlenangaben sind Mittelwerte aus 3 bis 5 Einzelversuchen).						
Kleine Wechsellufthammer-Anlage:						
Kleinpistolen:						
sehr leicht	0,7	325	9	6	1,11	0,2
leicht	1,0	365	16	17	2,8	1,5
mittelgroß	1,4	395	23	46,5	7,18	6,0
Große Wechsellufthammer-Anlage:						
Meißelpistolen:						
leicht	4,5	1530	58	73	2,85	7,5
mittel	6,4	1535	60	63	2,46	13
schwer	8,8	1610	100	108	4,05	28
sehr schwer	11,2	2005	126	166	5,0	37

a

b

Abb. 154 a und b. Nietvergleich mit Handarbeit.

Nieten

von Hand	mit Feinhammer.
Nietkolonne bestehend aus:	Nietkolonne bestehend aus:
1 Nieter. 2 Zuschläger. 1 Gegenhalter. 1 Nietwärmer.	1 Nieter. 1 Gegenhalter. 1 Nietwärmer.
Stündliche Leistung 40÷60 Nieten.	Stündliche Leistung 80÷150 Nieten.
Löhne täglich 41.— M. Ungleichmäßige Nietung.	Löhne und Strom täglich 26.— M. 1,3÷2fache Leistung. Einwandfreie Nietung

Tägliche Arbeitszeit 8 Stunden.

Nietfeuer: Ermüdender Fußbetrieb. Ungleichmäßiges Anwärmen. Unregelmäßiger Betrieb.	Elektr. Nietfeuer: 0,12 kW = 1,8 Pf./Std. Gleichmäßig bequemes Anwärmen, Doppelte Leistung.

Die angegebenen mkg/Sekunden-Zahlen stellen die vom Hammer an das Werkstück abgegebene Schlagleistung dar. Zieht man beim Meißeln den Vergleich zur Handarbeit, so sind die Vorzüge neben der Zeitersparnis: saubere Arbeit, glatter Schnitt, Wegfall der Übermüdung des Arbeiters und infolgedessen fortlaufende Arbeit ohne Zwangsruhepausen. Unter Berücksichtigung der Arbeitspausen und des Ansetzens wird man die 3 bis 5fache Leistung gegenüber Handarbeit annehmen können.

Abb. 155. Gußputzen.

Als Beispiel sei angeführt, daß in der Gußputzerei (Abb. 155) einer Eisen- und Metallgießerei durch Verwendung einer elektro-pneumatischen Anlage von vier Arbeitern drei für andere Zwecke frei wurden, während 1 Arbeiter ohne besonderes Anlernen alle Putzarbeiten mit diesem Hammer erledigen konnte.

Mit Stemmen bezeichnet man Arbeiten, wie Verstemmen von Nietköpfen und Blechstößen an Kesseln, Behältern, Pfannen, Fensterrahmen; Verhämmern von Matrizen in Drahtwerken, Treiben von Blechen in Kunstschlossereien u. dgl. Es werden hierzu möglichst kleine, leichte Pistolen benutzt, und man erzielt etwa 2 bis 4fache Leistungen gegenüber Handarbeit.

Das Entfernen und Absprengen von Niet- und Schraubenköpfen an Gleisverbindungen, Schiffen, Kesseln und anderen Konstruktionen erfordert als Werkzeuge besonders geformte Nietsprenger, die sich der Wandung und dem Arbeitsvorgang anpassen. Mit zwei Nietpistolen wurden beim Abwracken eines Dampfschiffes täglich etwa 2000 bis 2500 Nieten von 11 mm Schaftdurchmesser entfernt.

Die Ausführung der Stampfer für große Leistungen ist infolge des geringen Unterdrucks schwierig, und es wären für größere Stampfer 2 Schläuche erforderlich. Dagegen lassen sich

Abb. 156. Rostabklopfen an Bord.

mit kleinen leichten Stampfern für Beton- und ähnlichen Massen Stampfarbeiten ausführen, insbesondere z. B. das Feststampfen von Formen für das Thermitschweißverfahren an Gleisverbindungen, zumal im Streckenbau häufig schon eine Anlage für andere Zwecke zur Verfügung steht.

Kleinpistolen (Abb. 156). Das Bedürfnis, auch leichtere Arbeiten in Metall maschinell auszuführen, führte zur Heranziehung auch der kleinen Bildhauerpistolen zur Metallbearbeitung, da die kleinen Pistolen sich ebenfalls an die große Pumpe anschließen lassen (vgl. Zahlentafel 31), sofern nicht eine kleine Motorpumpe mit nur etwa ⅓ PS Kraftbedarf ausreicht.

Mit diesen kleinen Pistolen werden kleine Nieten aus Weichmetall (Kupfer, Messing oder Aluminium) bis 6 mm Schaftdurchmesser geschlagen. Beim Meißeln werden kleine Späne losgeschält, so daß Arbeiten, wie Ausschaffen von Gesenken, Formen von schmiedeeisernen Teilen, modellierende Bearbeitung von Turbinenschaufeln oder Einschlagen von Schmiernuten in Lagerbüchsen in Betracht kommen.

Ein Kunstschlosser, der die kleine Pistole zum Ausarbeiten einer schmiedeeisernen Ofenbekleidung in 4 mm starkem Eisen benutzte, brachte es zu solcher Handfertigkeit, daß er

Abb. 157. Einschlauchgesteinsbohrhammer.

die ganzen Ornamente mit einer solchen Kleinpistole aushauen konnte. Ebenso wurden die Eingravierungen damit ausgeführt, ohne daß irgendein Nachfeilen erforderlich wurde.

Besonders eignen sich diese Kleinpistolen zum Entrosten mit einem Klopfmeißel, z. B. im Schiffbau wegen der Beweglichkeit der kleinen Anlage. Es muß dort die Entrostung möglichst rasch vorgenommen werden, um die Liegezeit des Dampfers im Dock abzukürzen (Abb. 156). Der Meißel wird bei dieser Arbeit mit einem Haltebügel an der Pistole angebracht, damit die Arbeiter, die nur auf schwankenden, von Tauen gehaltenen Brettern an der Schiffswandung stehen, den Meißel nicht besonders festhalten müssen. An den Außenwänden und an glatten Flächen kann mit den Kleinpistolen eine etwa 3 bis 4fache Mehrleistung gegenüber Handarbeit erzielt werden. Der bis zu 5 mm stark aufsitzende Rost ist leichter zu entfernen als Rost geringerer Stärke, weil im ersten Falle größere Roststücke abspringen, bei geringerer Rostschicht dagegen mit dem Meißel Schlag an Schlag gesetzt werden muß. Auch an winkligen Stellen ist mit der Pistole leichter als mit dem Handhammer zu arbeiten.

Für größere Eisenkonstruktionen, Schweißstellen an Bahnschienen, Trägern und dergleichen sind stärkere Meißelpistolen mit den entsprechenden Scharrierwerkzeugen zu wählen.

Der Erfindungsgeist einzelner Werksleiter schafft durch neue Werkzeuge und Vorrichtungen stets weitere Anwendungsmöglichkeiten, wie Treib-, Hämmer- und Klopfarbeiten mit fest eingespannten Pistolen, weiter Schneiden von Blechen mit Sondermeißel, Herausschlagen von Federblättern an Eisenbahnwagen zwecks Erneuerung, Reinigen von Schamottesteinen u. dgl. mehr.

8. Steinbearbeitung. Für kleine Bohrtiefen bis etwa 1,5 m werden nach dem Einschlauchprinzip Gesteinsbohrhämmer gebaut, wobei das Ausblasen des Bohrmehls aus dem Bohrloch durch Umsteuern der Luft im Handgriff derart erfolgen kann, daß die Luft nach Belieben durch die Hohlbohrstäbe gepreßt wird. Die Umsetzung der Hämmer erfolgt dabei von Hand (Abb. 157).

Das richtige Ausschmieden und Anschärfen der Bohrkronen ist dabei wichtig. Man nimmt hierzu ein Formgesenk, das man in den Bohrhammer einsetzen kann. Zum Ausschmieden der Bohrkrone führt man den Bohrhammer mit Gesenk (oder Handhammer) gegen die Bohrerkrone, bis die Schneiden herausgearbeitet sind. Zuweilen muß hinter der Bohrerkrone noch etwas nachgefeilt werden.

Für hartes Gestein ist eine Bohrerkrone mit stumpfwinkliger Schneide, für weiches Gestein mit spitzwinkliger Schneide zu wählen. Im allgemeinen kommen 6 oder 8 Schneiden in Betracht bei einem Durchmesser der Bohrerkrone von 32 bis 40 mm. Die Bohrleistung nimmt mit zunehmender Bohrtiefe etwas ab und ist abhängig von Gesteinsart und Schichtung.

Abb. 158. Aufreißen von Gehwegbelag.

Auch geht die Bohrleistung beim Bohren in wagrechter Richtung zurück, da ein Teil der Schlagleistung durch Wandreibung verloren geht. Die Mehrleistung gegenüber Handarbeit beträgt etwa das 5 bis 8fache, wobei jedoch die örtlichen Verhältnisse, Abbauverfahren und Gesteinsart eine ausschlaggebende Rolle spielen (Abb. 157).

Abb. 159. Abbrucharbeiten in einem Betongraben.

Zum Aufbrechen von Fahr- und Gehwegbelag (Asphalt, Beton) dienen leichte Meißelhämmer mit langen Meißeln (Abb. 158). Man erzielt dabei etwa die 5fache Leistung gegenüber dem Aufreißen von Hand. Zum Aufbrechen von schwererem Beton sind stärkere Abbauhämmer erforderlich (Abb. 158), bei denen alle Teile, insbesondere die Werkzeuge, sehr kräftig bemessen sein müssen, da der Arbeiter hierbei die Pistole samt Meißel als Brecheisen benutzt. Schichten von 15 bis 20 cm Tiefe werden leicht zertrümmert. Bei tieferen Schichten erzielt man die beste Leistung durch Abtrennen kleiner Stücke in schneller Folge.

Beim Abbrechen von Mauern und Fundamenten aus Beton oder gebrochenem Gestein ergibt sich der Vorteil, daß die Pistolen an engen Stellen, wo ein Arbeiter mit dem Handhammer nicht ausholen kann (Abb. 159), ohne jede Anstrengung bedient werden können. Als Leistungsbeispiel sei angeführt, daß aus einer 1,2 m dicken Mauer aus Stampfbeton ein Abbruchhammer in 2½ Stunden ein Verbindungsloch mit dem Querschnitt von 25 × 25 cm ausbrach, wozu man vorher bei Handarbeit 16 Arbeitsstunden benötigt hatte.

Die Kleinpistolen mit der kleinen Pumpe eignen sich in hervorragender Weise für Bildhauerarbeiten. Die Ausbildung und Härtung der Werkzeuge ist dabei die gleiche, wie sie bei der Handarbeit von den Bildhauern verwendet werden. Es kommen in der Hauptsache Spitz-, Schlag-, Scharrier-, Zahn- und Stockeisen in Frage, nur muß ihr hinteres Ende der Bohrung des Hammermundstücks entsprechend auf eine bestimmte Länge gedreht und etwas gehärtet sein. Im allgemeinen braucht man für hartes Gestein einen zähen, nicht spröden und für weiches Gestein einen weichen Stahl.

Abb. 160. Bildhauerarbeiten.

Der Hauptvorteil für den Bildhauer besteht in der steten Betriebsbereitschaft und der einfachen, leicht verständlichen und nicht ermüdenden Handhabung. Es lassen sich alle Bildhauerarbeiten, wie Punktieren und Anlegen von Figuren und Ornamenten, Abstocken, Scharrieren, Schläge ziehen, Profilieren, Schrifthauen, Löcherbohren, Bossieren, Spitzen u. dgl. ohne jede Ermüdung des Arbeitenden ausführen, da auch der bei Preßlufthämmern unangenehme Rückstoß und jede Erschütterung des Armes völlig wegfällt. Tiefe und unterschnittene Stellen an Figuren, die sonst nur unter Zuhilfenahme der Bohrmaschine ausgebohrt werden konnten, werden mit dem Meißelhammer leicht herausgeholt. Besonders das Vor- und Überarbeiten von Figuren (Abb. 160) bringt eine bedeutende Zeitersparnis. Voraussetzung ist natürlich, daß der Bildhauer sich auch einige Stunden Zeit zum sorgfältigen Einarbeiten nimmt. Bei der Mannigfaltigkeit der künstlerischen Arbeit läßt sich der zahlenmäßige Vorteil gegenüber dem Betrieb mit Schlegel und Meißel nur schwer feststellen, doch kann beim Vor- und Überarbeiten von Flächen und Figuren mit ½ bis ¼ der Arbeitszeit von Hand gerechnet werden. Z. B. konnte ein Bildhauer ein oft ausgeführtes Grabmal mit dem Feinhammer in 1½ Tagen fertig machen, an dem er sonst von Hand 3 bis 4 Tage arbeitete.

Abb. 161. Plombieren eines Mammutzahns.

Ein anderer Bildhauer brauchte zum Herausarbeiten eines rechteckigen Sockels aus hartem, blauem Muschelkalk mit den Maßen 150 × 150 × 130 mm von Hand 2 Tage. Mit dem Bildhauerhammer konnte er dasselbe in einem halben Tag fertigstellen.

Übung und Gewandtheit erfordert das Aushauen von Inschriften, doch wird auch hier, hauptsächlich bei großen und tiefen Buchstaben, unter Verwendung feiner Werkzeuge sehr bald eine bedeutende Zeitersparnis erzielt. So wurden zur winkelrecht vertieften Kannelierung eines Marmorsockels, eine dem Inschriftaushauen verwandte Arbeit, mit dem Feinhammer 8 Stunden benötigt, während von Hand 20 bis 24 Stunden daran gearbeitet wurde.

Interessant ist die Anwendung in geologischen und paläontologischen Werkstätten, wo der Hammer zum Herausarbeiten von Versteinerungen gebraucht wird (Abb. 161). Die Ausführung der kleinsten Pistole mit einer Abblasevorrichtung, sowie die leichte Einstellbarkeit der Schlagstärke gestattet das Wegnehmen selbst feinster Stäubchen und Späne.

Das Anschärfen von Mühlsteinen läßt sich mit dem kleinen Modell ebenfalls erfolgreich vornehmen, eine Arbeit, die in der ganzen chemischen Industrie und in Schokolade- oder Senffabriken häufig vorkommt (Abb. 162). Gegenüber dem Handbetrieb wird die 2 bis 4fache Leistung erzielt. Zur Bearbeitung eines Mühlsteins aus hartem Granit wurden in einem Falle

Abb. 162. Mühlsteinschärfen.

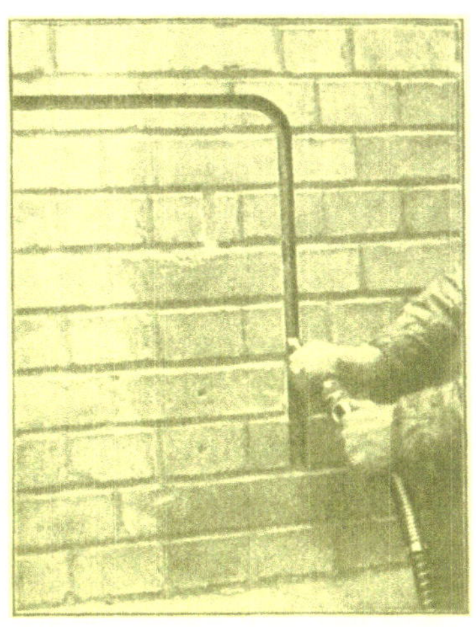

Abb. 163. Schlagen von Leitungskanälen.

von Hand 4 Stunden benötigt. Der Müller braucht jetzt mit einem Bildhauerhammer nur noch 1½ Stunden hierzu. Die Auffrischungsarbeiten, die im Nachmeißeln der feinen Rillen bestehen, werden statt in einer Stunde jetzt in 30 Minuten erledigt.

Im Bau- und Installationsgewerbe erzielt man beim Schlagen von Dübel-, Dollen- und Befestigungslöchern sowie von Rinnen und Kanälen aller Art (Abb. 163) wesentliche Vorteile. Die von Baufirmen auf diese Weise erzielten Ergebnisse betragen das 4 bis 7fache der Handarbeit. Stocken und Bearbeiten von Einfassungen und Fassaden können mit dem kleinen Hammer ebenfalls vorgenommen werden, sofern nicht eine große Anlage mit stärkeren Pistolen für Bau- und Steinmetzarbeiten in Frage kommt (Abb. 164).

Abb. 164. Abspitzen von Mauerwerk durch einen Steinmetz.

9. Übersicht über Mehrleistung gegenüber Handarbeit. In der folgenden Zahlentafel sind solche Arbeiten im Vergleich zu den gegenüber Handarbeit erzielbaren Mehrleistungen zusammengestellt:

Metallbearbeitung

mit den Schlagpistolen:

Nieten an Konstruktionen (bis 28 mm) .	1,3 bis 2,0fache Leistung gegenüber Handarbeit,
Nieten an Kesseln und Schiffen (bis 25 mm)	1,5 bis 3,0 „ „ „ „
Kaltnieten von Kupfer, Messing, Aluminiumnieten, Feuerbuchsbolzen, Eisenkaltnieten (bis 10 mm)	2 bis 3 „ „ „ „

Arbeit	Leistung
Meißeln, Bemeißeln, Gußputzen, Abgraten	3 bis 5fache Leistung gegenüber Handarbeit,
Stemmen, Verstemmen, Hämmern, Treiben	2 bis 4 „ „ „ „
Entnieten, Entrosten, Aushauen, Bleche schneiden	2 bis 4 „ „ „ „

mit biegsamer Welle:

Arbeit	Leistung
Schleifen, Schwabbeln, Bürsten, Polieren, Bohren, Aufreiben, Schraubeneinziehen	2 bis 20 „ „ „ „

Steinbearbeitung

mit den Schlagpistolen:

Arbeit	Leistung
Bohren bis etwa 1,5 m Tiefe mit Hohlbohrer 6 oder 8 Schneider, je nach dem Gestein	5 bis 8fache Leistung gegenüber Handarbeit,
Steinmetzarbeiten (Zuhauen, Flächenbearbeitung), Auf- und Abbrucharbeiten	3 bis 6 „ „ „ „
Bildhauerarbeiten aller Art	2 bis 4 „ „ „ „
Schrifthauen	3 bis 4 „ „ „ „
Geologische und paläontologische Arbeiten	— „ „ „ „
Mühlsteinschärfen, Dollen- und Dübellochbohren	4 bis 7 „ „ „ „

mit biegsamer Welle:

Arbeit	Leistung
Schleifen, Polieren, Schneiden von Platten und Kanälen, Bohren. Fräsen und Schraubenziehen	2 bis 10 „ „ „ „

Schrifttum.

Elektrotechnik und Prüffeld.

Bücher:

Besag, Ernst: Erden-Nullen-Schutzschaltern. Karlsruhe: vorm. G. Braun'sche Buchdruckerei 1926/27.

Dettmar, Dr.-Ing. G.: Deutscher Kalender für Elektrotechniker (Uppenborn). München, Berlin: R. Oldenburg 1928.

Fein, W. E.: Elektrische Apparate, Maschinen und Einrichtungen. Stuttgart: J. Hoffmann 1888.

Hunter-Brown: Kohlenbürsten und elektrische Maschinen. Berlin: Morganite G. m. b. H. 1928.

Kurrein, Prof. Dr. M.: Meßtechnik. Berlin: Julius Springer 1923.

Metzler, Prof. Dipl.-Ing. K.: Entwurf von unkompensierten Reihenschlußmotoren kleiner Leistung zum Anschluß an Gleich- und Wechselstrom gleicher Spannung. Leipzig: Oskar Leiner 1925.

Raskop, Ing. F.: Katechismus für die Ankerwickelei. 3. Aufl. Berlin SW 11: „Elektroanzeiger" (Buchabteilung).

— Handbuch für den Gebrauch bei Herstellung von Wicklungen an Gleich- und Drehstrommotoren. Berlin SW 11: „Elektroanzeiger" (Buchabteilung).

— Reparaturen an elektrischen Maschinen. Berlin SW 11: „Elektroanzeiger" (Buchabteilung).

Schenkel, Dr.-Ing. M.: Die Kommutatormaschinen für einphasigen und mehrphasigen Wechselstrom. Berlin, Leipzig: Walter de Gruyter & Co. 1924.

Siemens, Dr.-Ing. G.: Die elektrische Maschine in einheitlicher Darstellung. 2. Aufl. Berlin SW 11: „Elektrotechnischer Anzeiger" (Buchabteilung).

Schlesinger, Dr.-Ing. G. u. Dr. techn. M. Kurrein: Der Ausbau der Einrichtung des Versuchsfeldes für Werkzeugmaschinen der Technischen Hochschule Berlin seit 1912. 7. Heft der Versuchsberichte des Versuchsfeldes. Berlin: Julius Springer.

Valentin, Geh. Reg.-Rat C.: Antrieb und Arbeitsverbrauch von Bohrmaschinen. Die Werkzeugmaschine 1925, H. 3.

VDE: Vorschriftenbuch des Verbandes Deutscher Elektrotechniker. 16. Aufl. v. 9. 7. 1929. VDE-Verlag.

— Leitsätze für die Konstruktion und Prüfung elektrischer Starkstrom-Handapparate für Niederspannungsanlagen. 4 Seiten. VDE-Verlag 1924.

Vidmar, Dr. techn. M.: Wirkungsweise elektrischer Maschinen. Berlin: Julius Springer 1928.

Zeitschriften:

Dalchau, Joachim: Über die Konstruktion von Bremsvorrichtungen zur Prüfung elektrischer Handwerkzeugmaschinen. ETZ 1926, S. 2.

— Über die Betriebstechnik eines Prüffeldes für Elektrowerkzeuge. Masch.-B.-Zg. 1925, H. 124.

Elektrizität im Bergbau: Elektrizität in Schlagwettergruben Frankreichs. Elektr. im Bergbau 1928, H. 7.

Fein, Dr.-Ing. Hans: Bei Elektrowerkzeugen übliche Stromarten. Werkst.-Techn. 1928, H. 13.

— Neuere Elektrowerkzeuge mit Universalmotoren. Masch.-B.-Zg. Bd. 8, H. 9. 1929.

Kurrein, Prof. Dr. techn. M.: Über die Bearbeitungsprüfung von Werkzeugen und Werkstoffen. Werkz.-Masch. 1927, H. 19.

Lich, Obering. Otto: Das Bohrmeter. Werkz.-Masch. 1927, H. 9.

Elektrowerkzeuge, Werkzeuge und ähnliches.

Bücher:

Ausschuß für wirtschaftliche Fertigung (AWF): Die Schleifscheibe, ihre Wahl und Behandlung. AWF 1926.

Baumann, Prof. Dr. A.: Handbuch des Maschinentechnikers (Bernoullis). 27. Aufl. Leipzig: Alfred Kröner 1923.

Bucerius, Oberreg.-Rat W.: Grundlagen der rationellen Betriebsführung. Karlsruhe i. B.: Forschungsinstitut für rationelle Betriebsführung im Handwerk u. V.

Güldner: Kalender und Handbuch für Betriebsleitung und praktischen Maschinenbau. Leipzig: Ludwig Degener.

Gillrath, J.: Neuzeitliche in- und ausländische Holzbearbeitungsmaschinen. Berlin: Julius Springer 1928.

Kaßner, Prof. Arthur: Die Prüfung der Bearbeitbarkeit der Metalle und Legierungen unter besonderer Berücksichtigung des Bohrverfahrens. Karlsruhe: vorm. G. Braunsche Buchdruckerei.
Kleinschmidt, Bernh.: Schleifindustriekalender Düsseldorf 17, 1928. Düsseldorf 50: Verlag der Schleifmittelindustrie H. Kruft.
Meller, Obering. Karl: Einzelantriebe von Werkzeugmaschinen. Leipzig: S. Hirzel 1927. BT. v. Elektrizität in industr. Betrieben.
Reindl, Dr.-Ing. J.: Spanabhebende Werkzeuge für die Metallbearbeitung und ihre Hilfseinrichtungen. Berlin: Julius Springer 1925. B III d. Arbeitsgemeinschaft dtsch. Betriebsing. 1925.
Schlesinger, Prof. Dr.-Ing. G.: Wirtschaftliches Schleifen. Berlin: Julius Springer 1921.
— Die Bohrmaschine. Berlin: Julius Springer 1925.
Schuchardt u. Schütte: Technisches Hilfsbuch. 7. Aufl. Berlin: Julius Springer 1928.
Stauch, Dr.-Ing. A.: „Hütte", Taschenbuch für Betriebsingenieure. Berlin: Wilh. Ernst & Sohn 1929.

Zeitschriften:

Fein, Hans: Elektr. Handbohrmaschinen. ETZ 1928, H. 9.
— Biegsame Wellen. Masch.-B.-Zg. 1928, H. 9.
— Wirkungsgrad und Verdrillungswinkel von biegsamen Wellen. Werkst.-Techn. 1929, H. 16.
Grunel, F. W.: Werkzeuge mit elektr. Einzelantrieb. Werksleiter 1928, H. 22. Berlin: Deutsche Verlagsanstalt.
Herrmann, Dipl.-Ing. A.: Zwei neue Schleif- und Poliermaschinen. Werkz.-Masch. 1927, H. 4.
Meyer, Prof. K.: Vorschübe und Verhältnisse beim Bohren aus dem Vollen. Werkz.-Masch. 1927, H. 21.
Pallas, Berlin: Wirtschaftlichkeit von elektr. und Preßlufthandbohrmaschinen. Masch.-B.-Zg. 1924, H. 22.

Schlagwerkzeuge.

Bücher:

Ausschuß für wirtschaftliche Fertigung (AWF): Preßluftanlagen, Planung und Betrieb. AWF 1927.
Demag, Duisburg: Die elektropneumatische Gesteinsbohrmaschine. Demag Taschenbuch 1920.
Harm, Dr.-Ing. R.: Untersuchungen an Preßluftwerkzeugen. 3. Heft des Versuchsfeldes, Berichte Techn. Hochschule, Berlin. Berlin: Julius Springer.
Iltis, Dipl.-Ing. P.: Die Preßluftwerkzeuge. Sammlung Göschen.
„Premag" Berlin-Oberschöneweide: Premag-Handbuch. Preßluftwerkzeug u. Maschinenbau Akt.-Ges. „Premag" 1928. Berlin: Julius Springer 1928.

Zeitschriften:

Erz, Baurat, Obering.: Die Entwicklung der Gleisstopfmaschine. Z. V. d. I. 1922.
Fein, Dr.-Ing. Hans: Metallbearbeitung mit einem elektropneumatischen Hammer. Masch.-B.-Zg. 1927, H. 8.
— Die Entwicklung des Feinhammers. Werkst.-Techn. 1926, H. 8/18.
— Untersuchungen an Feinhämmern. Werkst.-Techn. 1925, H. 5.
Grödel, E.: Experimentelle und theoret. Untersuchungen an Preßlufthämmern. Forschungsarb. Ing., H. 156/157, Berlin 1914.
Gütschow, Dr. Ing.: Über die Verwendung elektrischer Handbohrmaschinen in Eisenkonstruktionswerkstätten, insbesondere auf Werften. Betrieb 1920, H. 5.
Heubach: Solenoidstoßbohrer mit elektr. Antrieb El. Kraftbetr., 1907, S. 1941.
Ludwig, Berlin-Siemensstadt: Beitrag zur wirtschaftlichen Spanabhebung (insbes. auch von elektrischen Hämmern). Werkz.-Masch. 1920, H. 3.
Möller, Paul: Untersuchungen an Preßlufthämmern. Berlin 1906: Dissertation.
Schiemann: Elektromagnetische Schlagwerkzeuge, insbesondere für Wechselstrom. ETZ. 1929, S. 1041 und Diskussion.
Schlesinger, Prof. Dr.-Ing. G.: Abräumarbeiten unter Verwendung eines Drucklufthammers. Werkst.-Techn. 1925, H. 5.
Schüler, L.: ETZ. 1914, S. 165.

Wirkungsweise elektrischer Maschinen. Von Dr. techn. Milan Vidmar, o. Professor an der jugoslavischen Universität Ljubljana. Mit 203 Textabbildungen. VI, 223 Seiten. 1928. RM 12.—; gebunden RM 13.50

Kurzer Leitfaden der Elektrotechnik, in allgemeinverständlicher Darstellung für Unterricht und Praxis. Von Rudolf Krause. Fünfte, erweiterte Auflage, neubearbeitet von W. Vieweger. Ingenieur. Mit 413 Abbildungen. VIII, 275 Seiten. 1929. RM 10.—; gebunden RM 11.50

Die Elektrotechnik und elektromotorischen Antriebe. Ein elementares Lehrbuch für technische Lehranstalten und zum Selbstunterricht. Von Dipl.-Ing. Wilhelm Lehmann. Mit 520 Textabbildungen und 116 Beispielen. V, 452 Seiten. 1922. Gebunden RM 9.—

Elektrische Starkstromanlagen. Maschinen, Apparate, Schaltungen, Betrieb. Kurzgefaßtes Hilfsbuch für Ingenieure und Techniker sowie zum Gebrauch an technischen Lehranstalten. Von Oberstudienrat Dipl.-Ing. Emil Kosack, Magdeburg. Siebente, durchgesehene und ergänzte Auflage. Mit 308 Textabbildungen. XI, 342 Seiten. 1928. RM 8.50; gebunden RM 9.50

Auskunftsbuch für die vorschriftsgemäße Unterhaltung und Betriebsführung von Starkstromanlagen. Von Prof. Dr.-Ing. e. h. Georg Dettmar in Hannover. Mit 51 Abbildungen. VI, 273 Seiten. 1928. RM 9.60; gebunden RM 10.60

Erläuterungen zu den Vorschriften für die Errichtung und den Betrieb elektrischer Starkstromanlagen einschließlich Bergwerksvorschriften und zu den Bestimmungen für Starkstromanlagen in der Landwirtschaft. Im Auftrage des Verbandes Deutscher Elektrotechniker herausgegeben von Geh. Reg.-Rat Dr. C. L. Weber. Sechzehnte, nach dem Stand vom 1. Juli 1928 vermehrte und verbesserte Auflage. Unveränderter Neudruck. IX, 330 Seiten. 1929. RM 6.—

Hilfsbuch für die Elektrotechnik. Unter Mitwirkung namhafter Fachgenossen bearbeitet und herausgegeben von Dr. Karl Strecker. Zehnte, umgearbeitete Auflage.

Starkstromausgabe. Mit 560 Abbildungen. XII, 739 Seiten. 1925. Gebunden RM 20.—

Schwachstromausgabe (Fernmeldetechnik). Mit 1057 Abbildungen. XXII, 1137 Seiten. 1928. Gebunden RM 42.—

Vorschriftenbuch des Verbandes Deutscher Elektrotechniker. Herausgegeben durch das Generalsekretariat des VDE. Sechzehnte Auflage. Nach dem Stande am 1. Januar 1929. IX, 910 Seiten. 1929. Gebunden RM 16.—
Ausgabe mit Daumenregister RM 18.60